장미
병해충과 생리장해
이렇게 막는다!

장미 병해충과 생리장해 이렇게 막는다!

차병진 · 김길하 · 김흥태 · 우수동
차재순 · 조수원 · 백기엽 지음

중앙생활사

책을 펴내면서

한국과학재단의 지원을 받아 1996년에 문을 연 지역협력연구센터(RRC)인 충북대학교 첨단원예기술개발연구센터는 설립 이래 원예분야의 연구 개발은 물론, 심포지엄과 기술교육 등을 통하여 지역의 원예산업계와 학계 및 연구계를 이어주기 위하여 노력해 왔습니다.

우리 연구센터는 보유하고 있거나 또는 접할 수 있는 모든 지식과 기술을 현장에 전달함으로써 원예인의 수준을 향상시키며 원예산업을 과학화하는 것을 최우선으로 삼고 있습니다. 그 일환으로 원예농민과 일반인들에게 직접적인 도움을 줄 수 있도록 알기 쉽게 풀어쓴 전문서적들을 출간하고 있는데, 이번에 그 다섯 번째 책을 펴내게 되었습니다.

현실에 응용되지 않는 연구는 단지 연구를 위한 연구일 뿐, 의미를 찾기 힘들다고들 합니다. 책도 마찬가지일 것입니다. 필요한 사람들에게 도움을 주지 못하는 책은 종이 낭비일 뿐입니다. 우리 연구센터에서 펴내는 책들도 쓰레기 더미를 키우는 데 불과하지 않을까 한편으론 적잖이 걱정되는 것도 사실입니다.

하지만 책 만들기에 참여하신 분들 모두 우리 농민을 사랑하며, 농민의 입장에서 연구를 바라보는 분들이므로, '전문지식의 현장화'라는 우리의 목표를 이룰 수 있으리라 기대하며 감히 이 책을 준비하였습니다.

우리 연구센터는 학계와 연구계의 연구 의욕을 높이고 산업계의 생산성을 높일 수 있도록 끊임없이 뒷받침할 것이며, 그 한 가지 방법으로 각 원예작물별 병해충 관리 및 전문지식에 대한 농민서적을 계속 펴내고 있습니다.

부디 이러한 노력이 우리나라를 원예선진국으로 끌어올리는 데 조그만 보탬이 되기를 바랍니다.

불철주야 연구 개발에 전념하며 언제나 우리의 든든한 후원자가 되어 주시는 교수와 연구자, 그리고 과학영농에 애쓰는 농민들과 원예를 사랑하는 모든 분들의 매서운 충고와 아낌없는 사랑은 우리의 목표에 한층 더 다가가게 하는 좋은 길잡이가 될 것입니다. 많은 지도편달 부탁드립니다.

충북대학교 첨단원예기술개발연구센터

소장 백 기 엽

머리말

도대체 장미가 왜 이러는지는 알아야 속 답답한 것이라도 풀리지 않겠냐고 하소연하는 농민들에게 조금이나마 도움을 주기 위해 장미 병충해와 생육장애에 관한 책을 만든 것이 어느새 몇 년 전의 일이 되어버렸다.

때마침 충북대학교 첨단원예기술개발연구센터는 전적으로 농민과 일반인을 위한 기술총서 발간사업을 계획하고 있었으며, 그 첫 번째로《장미 병충해와 생육장애 이렇게 막는다》라는 책을 겁도 없이 세상에 내놓았던 것이 1998년이었다. 다소 부담되는 권수를 인쇄하였음에도 불과 몇 년 만에 완전 매진되었으나 아직도 구입을 원하는 분들이 꾸준하다는 것이 이 책을 준비하게 된 직접적인 동기라고 하겠다.

분야별로 전문가들이 새로 참여하였으며, 각 부문별로 새로운 내용들을 첨가하였다. 또한 직접 보고 경험을 얻는 것이 가장 중요하다는 생각에서 기존의 사진들을 최대한 더 나은 사진으로 바꾸고 새로운 사진을 추가하고자 하였다.

이번에도 가장 큰 대상은 원예농민과 일반인이기 때문에 농민의 눈높이에서 글을 쓰려고 노력하였으며, 우리가 일반인의 입장이 되어 글을 읽어보며 다듬고자 하였다. 본문은 기본적 내용의 서론에 이어, 미생물에 의한 병, 환경요인에 의한 이상, 해충에 의한 피해 순으로 발생빈도와 중요도에 따라 정리하였다. 우리나라에서는 아직까지 보고되지 않았더라도 외국에서 문제가 되고 있는 것은 간단하게나마 소개하였다.

큰 의욕과 사명감으로 시작하였으나 막상 정리를 끝내고 나니 아직도 모자람 투성이라 부끄러울 뿐이다. 하지만 이것 역시 또 하나의 시작이라는 생각으로 계속하여 노력할 것을 다짐하며, 이 책을 보시는 여러분들의 애정 어린 충고를 기다린다.

끝으로 이 책의 출간을 위해 애써 주신 충북대학교 첨단원예기술개발연구센터의 백기엽 소장님과 도서출판 중앙생활사의 김용주 대표님께 깊은 감사의 뜻을 전한다. 또한 귀중한 사진자료들을 사용하도록 허락해 주신 박덕기 님과 (주)세실의 이기상 박사님, 그리고 미국의 Kent B. Krugh 님의 호의에 진심으로 감사드린다. 마지막으로 부족한 우리가 감히 이 책을 쓸 수 있도록 재촉해 주신 모든 장미 재배가들께 고개 숙여 감사드린다.

저자 일동

차 례
CONTENTS

책을 펴내면서 ●4
머리말 ●6

**1장
장미에 대한 기초 지식**

1. 장미 ●14
   장미의 분류적 위치 ●15
   장미의 종류 ●17
   우리나라의 장미속 식물 ●20
   찔레꽃 ●21

2. 식물의 이상증상 ●23
   식물 이상이란 ●23
   식물 이상의 원인 ●24
   식물의 이상증상 ●29
   식물 이상의 방제 ●29

2장
장미의 전염병

1. 곰팡이에 의한 병 •34

　잿빛곰팡이병(botrytis blight)　•34
　노균병(downy mildew)　•37
　검은무늬병(black spot)　•40
　흰가루병(powdery mildew)　•45
　일반궤양병(common canker),
　　접목궤양병(graft canker)　•49
　녹병(rust)　•51
　버티실리움시들음병
　　(verticillium wilt)　•55
　부란병(brown canker),
　　검은별무늬병　•57
　브랜드궤양병(brand canker)　•58
　마름병(canker dieback)　•59
　기타 병들　•60

2. 세균에 의한 병 •63

　뿌리혹병(crown gall)　•63
　털뿌리병(hairy root)　•69

3. 파이토플라스마에 의한 병 •72

　장미 로제트병　•72

4. 바이러스에 의한 병 •74

　장미 모자이크병　•75
　장미 둥근무늬병　•76
　장미 잎말림병　•77
　기타 바이러스성 이상　•78

5. 선충에 의한 병 •80

　식물기생선충　•80

3장
전염되지 않는 장미병

1. 생리적 장애 •86
불개화 현상(blindness) •86
꽃 뒤틀림 현상(bullheads) •88
목굽음 현상(bent neck) •88

2. 영양 결핍 및 과잉 증상 •90
질소 결핍 및 과잉 •90
인산 결핍 및 과잉 •91
칼륨 결핍 및 과잉 •92
칼슘 결핍 및 과잉 •93
마그네슘 결핍 및 과잉 •94
황 결핍 및 과잉 •95
철 결핍 및 과잉 •95
구리 결핍 및 과잉 •96
아연 결핍 및 과잉 •97
붕소 결핍 및 과잉 •97
몰리브덴 결핍 및 과잉 •98
망간 결핍 및 과잉 •99

3. 염류 농도에 의한 이상 •100

4. 환경 불균형에 의한 이상 •102
꽃색 이상 •102
과습돌기 •103
고온과 수분 부족 •105
산소 결핍 •106

5. 오염물질에 의한 이상 •107
불소 •107
에틸렌 •108
수은 •108
페인트 휘발물 •109

6. 농약 독성에 의한 이상 •110

4장
장미 해충에 의한 피해와 대책

1. 장미 해충의 종류와 특징 •114
    응애류 •116
    진딧물류 •116
    깍지벌레류 •117
    가루이류 •117
    매미충류 •118
    총채벌레류 •119
    기타 해충 •119

2. 장미 해충의 진단과 방제 •121
    가루이류 •123
    응애류 •126
    진딧물류 •131
    깍지벌레류 •134
    총채벌레류 •136
    나방류 •138
    기타 해충 •146

3. 장미 해충의 생물적 방제 •151
    미생물 살충제 •152
    천적 •158

[부록 1]
우리나라 병해충 생물적 방제의 현황 •176

[부록 2]
우리나라의 생물적 방제자재 생산회사 •184

[부록 3]
장미 정보가 있는 인터넷 사이트 •186

장미에 대한 기초 지식

꽃이 우아하며 향기로운 장미는 세계에서 가장 인기 있는 원예식물로서 가정이나 건물의 정원에서 많이 가꾸고 있는 식물이다. 또한 장미는 절화 및 선물용으로 수요가 아주 많기 때문에 비교적 산업화가 잘된 식물이기도 하다. 화훼농가들에게는 중요한 소득작목이며, 연구자들에게도 많은 관심을 받고 있는 꽃이다.

01 장미

우리는 아름답고 고상한 여인을 흔히 장미에 비유한다. 하지만 장미를 아름다운 여인에 비유하는 일은 드물다. 아마도 장미가 여인보다 더 아름답기 때문일 것이다. 꽃이 우아하며 향기로운 장미는 세계에서 가장 인기 있는 원예식물로서 가정이나 건물의 정원에서 많이 가꾸고 있는 식물이다.

셀 수 없이 많은 종류의 꽃들이 있지만 그 중에서도 장미만큼 사람들의 애정을 받고, 장미만큼 사람들의 입에 자주 오르내리는 꽃도 없을 것이다. 장미는 문학작품으로부터 예술작품에 이르기까지, 영화부터 광고까지, 그리고 새 생명의 탄생시부터 죽은 이를 기리는 행사에까지, 축하부터 위로까지, 언제나 우리 인간 주변에 함께하는 꽃이라고 하여도 과언이 아니다.

또한 장미는 절화 및 선물용으로 수요가 아주 많기 때문에 비교적 산업화가 잘 된 식물로 알려져 있다. 따라서 화훼농가들에게는 중요한 소득작목이며, 그런 까닭에 연구자들이 많은 관심을 가지고 연구하고 있는, 행복한 꽃이기도 하다.

장미의 역사는 뚜렷이 밝혀진 것은 없지만, 화석표본에 나타난 것을 보면 미국

콜로라도와 오리건 주에서 발굴한 화석에서 가장 원시적인 장미들을 볼 수 있는데, 이들은 약 3000만 년 전에 만들어진 것으로 추정하고 있다.

한편 장미재배는 지금으로부터 약 4000~5000년 전에 북아프리카에서 처음으로 시작된 것으로 여겨지며, 고대 이집트 유물에서도 장미 그림을 발견할 수 있다. 또한 중국의 후오시대의 미술품 중에도 장미를 주제로 한 것이 발견되는 등 장미는 인류와 가장 친숙한 꽃이라고 하여도 무리는 없을 것이다.

이와 같은 오랜 화석 및 역사적, 문화적 증거, 그리고 생물학적으로 분류하기 힘든 잡종(hybrid)의 종류 수 등을 감안할 때 장미는 인류의 역사와 함께 우리 주변에서 오랫동안 재배되어 온 식물인 것을 알 수 있다.

장미는 세계 3대 절화작물 중의 하나이며 국제교역량도 상당한 수준이다. 국내에서도 지난 10여 년 동안 꾸준히 다른 꽃들보다 더 많이 증가하여 국내 총 재배면적이 1990년에는 159ha이던 것이 2002년에는 771ha에 이르렀으며, 2002년 현재 생산량은 8억 3,000만 본을 넘어서고, 생산액도 1,700억에 육박하고 있다. 1994년 5송이에 불과하던 국내 1인당 장미 소비량은 2002년 15송이를 훌쩍 넘어섰다.

우리나라의 장미재배는 1990년대에 들어서면서 생산성과 품질 등에서 비약적으로 발전하여 현재는 충분한 국제경쟁력을 갖춘 장미를 생산하고 있다. 그러나 아직도 수확 후 선별과 포장, 선도 유지 등에서는 개선하고 해결해야 할 문제들이 있다. 게다가 거의 전적으로 외국 품종에 의존하고 있는 현실 또한 문제라고 할 수 있다.

장미의 분류적 위치

장미는 식물계(Kingdom *Planta*), 속씨식물문(Phylum *Angiospermae*), 쌍떡잎식물강(Class *Dicotyledoneae*), 장미목(Order *Rosales*), 장미과(Family *Rosaceae*), 장미속(Genus *Rosa*)에 속한다. 장미속은 적어도 200여 종의 생물학적 종(種,

species)으로 이루어져 있다. 하지만 이것은 자연생태계에서 자라는 식물에 대한 숫자일 뿐이며, 육종학자들이 만들어낸 재배장미들은 여러 가지 변종(變種, variety)들로서 그 수는 가히 수천 종에 이르며, 북반구 거의 전역에 걸쳐 널리 퍼져 있다.

'육종'이란 종 혹은 품종끼리 교배시킨 후에 수년에 걸쳐서 어떤 특성이 있는 형질을 계속하여 가지고 있도록 만드는 것으로서, 인위적인 선택의 진화과정과 비슷하다.

지금까지 육종된 장미는 약 20,000품종이며, 미국장미협회에 등록된 것은 12,000품종이 넘는다. 주요 재배품종들은 야생장미의 특징을 지니고 있는 잡종들로부터 만들어졌는데 2n, 3n, 4n, 5n, 6n, 심지어는 8n 등 염색체의 수를 변화시켜 품종을 만들어내므로 장미 각 종 간에 교배를 하면 불임이 되는 경우가 많다.

따라서 200여 종의 수많은 장미품종 간에 일반적인 교배기술을 사용하기는 힘들다. 다만, 현재 개발된 분자생물학과 분자유전학의 기술은 이러한 문제점을 해결할 수도 있을 것이며, 장래의 장미품종 개발에 도움을 줄 것이다.

참고로 현재 재배하는 장미품종들은 대부분 다음과 같은 장미들로부터 만들어졌다〈표 1-1〉.

표 1-1 재배장미 품종의 원종들

속(genus)	종(species)	특 성
Rosa	sinensis	월계화 무리로 중국이 원산지임.
	odorata	티 장미의 원종으로서 중국이 원산지임.
	moscata	산장미들로서 중국 또는 인도가 원산지임.
	multiflora	찔레나무 무리로 한국, 일본이 원산지임.
	wichuraiana	돌가시나무 무리로 한국과 일본이 원산지임.
	rugosa	해당화 무리로 아시아 북동부가 원산지임.
	damascuna	다마스크 장미로서 중근동 아시아가 원산지임.
	foetina	페르시안 옐로 무리로 이란이 원산지임.

장미의 종류

재배장미는 아시아의 장미 원종들이 유럽에 도입되면서 유럽 원종들과의 교배를 통하여 새로운 품종들이 만들어지고 재배되기 시작한 18세기를 기준으로 고대장미(old rose)와 현대장미(modern rose)로 구분한다.

고대장미는 꽃의 모양(화형)이나 색깔(화색), 그리고 생태적 특성 등이 매우 단조로웠으나, 현대장미는 품종의 수가 이루 헤아릴 수 없을 정도로 많으며 이들의 특성 또한 매우 다양하다.

현재 새로운 종이나 품종을 맨눈으로 분류한다는 것은 불가능하다. 이는 많은 품종들이 서로 피를 섞고 있기 때문이다. 이러한 불합리성 때문인지는 몰라도 세계장미원예연합회에서는 아주 단순하고 간단한 방법으로 품종 혹은 종 분류를 시도하고 있다. 이 분류법에서 비중이 가장 큰 것은 장미의 성장 형태(덩굴성과 비덩굴성)와 꽃이 피는 형태이다.

덩굴성 장미에는 관목장미(shrub roses), 큰꽃장미(large flowered roses ; hybrid teas and most grandifloras), 다발꽃장미(cluster-flowered roses ; floribunda), 폴리안싸(polyanthas), 미니장미(miniature roses) 등 다섯 종류가 있다. 이러한 분류는 1971년도의 세계장미발표회에서 승인된 이후 국제적으로 공인을 받아 널리 사용되고 있다.

주로 절화로 쓰이는 장미는 하이브리드 티(hybrid tea : HT)와 플로리번다(Floribunda : Flb), 스프레이로 분류한다.

하이브리드 티는 꽃이 크고 절화장이 길며 곁눈(측아)의 발생이 적어 곁가지 제거 노력이 많이 들지 않기 때문에 절화장미의 대표적인 형태로 꼽힌다. 플로리번다는 하이브리드 티에 비하여 꽃의 크기와 절화장이 작지만 수확량이 2배 가까이 되며 수송성도 좋아서 절화장미로 적합한 것으로 인정받고 있다. 스프레이는 꽃대 하나에 6송이 이상의 꽃이 피는 것이다.

지금까지 원예용으로 등록된 수많은 장미품종은 다음과 같이 간단히 구분한다.

🌹 하이브리드 티 장미(Hybrid Tea Roses : HT)

학명은 *R. delecta*로, 하이브리드 사철장미와 일치하는 면이 적다. 계속하여 꽃을 피우고 향기를 발산하므로 온실이나 정원에 많이 키우지만, 다른 품종에 비해서 꽃이 크며 절화장이 길고 측아의 발생이 적어서 절화장미의 대표적인 품종으로도 알려져 있다.

특히 우리나라와 일본 사람들이 선호하는 장미의 하나로서 다음과 같은 종류들이 있다〈표 1-2〉.

표 1-2 하이브리드 티 장미 품종들

꽃색	품종명
적색	로얄티, 마담멜비드, 사만사, 카디날, 달러스, 퍼스드레드, 카라미아, 레드벨벳, 록데로제, 칼레드, 비카라, 비가롤, 비로네스, 그랜드 가라, 마이들, 레드섹쎄스, 바카롤, 레드산드라, 루비
분홍색	도로레스, 리비아, 브러이달 핑크 노블레스, 베로니카, 카링카, 로레나, 캐딜락, 노블레스, 아스트라, 피바로티, 소마마, 실비, 레이져, 지키란다, 라피엘라, 멜로디, 무비스타, 루멘스, 시피아
황색	알스미어골드, 엠블렘, 골든엠블렘, 텍사스, 칵테일, 스카이라인, 다이아나, 골든환타지, 골든타임스, 콘패티, 란도라, 듀키트
백색	티네케, 아테나, 크리스틸라인, 화이트미제스티
기타	마데론, 파레오 90, 오시아나, 비발디, 이키풀로, 마담비몰레, 맨하틴블루

🌹 하이브리드 사철장미(Hybrid Perpetual Roses)

오래 전부터 유전적으로 혼합된 장미로서 학명은 *Rosa borboniana*이다. 관목형으로 덩굴성이 아니며, 꽃이 크며 향기가 진하고 겹꽃이다. 이른 여름부터 가을까지 산발적으로 꽃이 핀다. 스프레이 계통의 장미로 알려져 있으며, 한 꽃대에 6개 이상의 꽃이 피는 것으로 5~6개가 한 다발을 형성한다.

현재 북미국가들에서는 거의 재배되지 않고 있다. 우리나라에서는 아직까지 유통량이 적으나 앞으로 늘어날 전망이다.

그림 1-1
여러 가지 장미품종
A : 비키 브라운(Vicki Brown)
B : 로미(Romy)
C : 발레리(Valerie)
D : 길모어(Gilmore)
E : 티네케(Tineke)
F : 그랑프리(Grand Prix)

🌹 **하이브리드 폴리안싸(Hybrid Polyantha)**

R. multiflora와 R. chinesis를 교배한 것으로, 많은 가지에 꽃이 피며, 식물학적으로는 R. rehderiana로 알려져 있다. 이 품종은 일반적으로 꽃이 피는 습성 때문

에 아기장미로도 불리는데, 상품명은 프로리반다(floribunda) 장미이다. 꽃의 크기는 중간 정도이며, 절화장은 35~60cm 정도로 짧은 편이다. 하지만 수량은 다른 것의 약 2배 가까이 되며, 수송성이 좋고 절화 수명이 길다는 장점이 있다. 이 품종은 유럽에서는 선호도가 높은 편이나 우리나라에서는 소비자의 기호도가 낮다.

기타

티 장미(Tea Roses)는 큰 송이 꽃으로 사용되는 품종으로, 원칙적으로는 R. odorata종이다. 원예 쪽에서는 하이브리드 티 장미보다 다소 많이 사용한다. 중국(R. chinesis)과 벵갈(R. odoranta) 장미는 아름다운 붉은 장미로, 잡종인 티 품종 장미와 같이 많은 사랑을 받았다. 미국 중부에서 많이 재배하였으나, 현재 거의 재배하지 않는다.

이 밖에도 R. noisettiana의 잡종으로 주로 유럽 중부에서 많이 재배하고 있는 노이셋(Noisette) 또는 채프니(Chapney) 장미와 우리나라에서는 찔레꽃(R. multiflora)이라 부르는 장미꽃 다발이 많고 덩굴성인 멀티플로라(Multiflora) 장미가 있다.

학명이 R. wichuraiana인 돌가시장미(Wichuraiana rose)는 기념장미(memorial rose)로도 불리는데, 약간 상록성이며 땅에 포복하는 장미로 많이 재배하는데, 내한성이 있는 덩굴성으로서 형질적으로 다화장미와 구별하기 힘들다.

우리나라의 장미속 식물

장미과(科)는 워낙 큰 집단이므로 여기 속하는 식물이 굉장히 많다. 식물분류는 각 식물이 가지고 있는 꽃과 잎의 모양과 구조 등 여러 가지 형태적, 생리적 특성에 바탕을 두고 식물을 구분하는 것이기 때문에, 우리 생각에는 거리가 먼 식물들도 같은 과에 포함되는 경우가 종종 있다.

실제로 장미과에는 우리가 잘 알고 있는 장미속을 비롯하여 벚나무속, 능금속,

배나무속, 명자나무속, 조팝나무속, 딸기속, 양지꽃속, 터리풀속 등 36개의 속이 있다. 사과, 배, 복숭아, 앵두 등이 모두 여기 속한다.

이영로의 《한국식물도감》에 따르면 현재 우리나라에는 재배장미와 생물학적으로 밀접한 관계에 있는 33종의 장미속 식물이 자생하고 있다〈표 1-3〉. 이들 중 일부는 누구든지 장미와 비슷하다고 생각할 수 있는가 하면, 일부는 왜 장미와 같은 속에 속하는지를 이해하기 힘든 경우도 있을 것이다. 이들도 겉모양에서는 차이가 있을지 몰라도 생물적, 유전적 특성은 모두 매우 가까운 것들이기 때문에 생육은 물론 병해충 발생에 있어서도 많은 특성을 공유하고 있다고 봐야 한다.

표 1-3 우리나라에 자생하고 있는 주요 장미속 식물

종	우리말 이름	서식지
acicularis	민둥인가목(인가목)	전국 산 중턱 이상에 서식
chinensis	월계화나무	중국 원산 낙엽관목
davurica	생열귀나무(해당화)	충청 이북 자갈밭에 서식
gracilipes	둥근인가목	강원 이북의 깊은 산 중턱 이상에 서식
koreana	흰인가목	강원 이북의 산 중턱 이상에 서식
marretii	붉은인가목	강원 이북의 산기슭에 서식
maximowicziana	용가시나무	경북 제외한 전국의 산기슭에 서식
multiflora	찔레나무	함경북도를 제외한 전국에 서식
rugosa	해당화	전국 각처 바닷가 모래땅과 산기슭에 서식
silenidiflora	민생열귀나무	대청도에 서식
wichuraiana	돌가시나무	남부 해안 산기슭 양지에 서식

찔레꽃

찔레(maneth)는 장미를 재배할 때 뿌리대목으로 가끔 사용한다. 이 품종의 기원은 확실치 않지만, 기록에 의하면 오래 전부터 찔레꽃(*R. manetti*)으로 불렸다고 한다. 이 종은 물론 순수 종은 아니며 *R. chinesis*에서 분리된 것으로 생각하고 있다.

찔레꽃은 한정된 작은 공간에서도 뿌리를 내릴 수 있으며, 건조하거나 그늘진

토양에서도 잘 자라는 품종이다. 일반적으로 우리나라 찔레꽃은 바닷가에서 자라는 해당화와 생태학적으로 비슷한 위치에 있다.

이창복의 《대한식물도감》에 따르면, 우리나라 환경에 잘 적응한 장미과 식물로는 덩굴장미(*R. multifora var. platyphylla*), 용가시나무(*R. maximowicziana*), 돌가시나무(*R. wichuraiana*), 노란 해당화(*R. xanthina*), 흰인가목(*R. koreana*) 등이 있으며 이들은 원예장미 생산에 있어서 찔레꽃과 같은 중요성을 가지고 있다.

02 식물의 이상증상

식물 이상이란

 '식물 이상' 이란 식물에 나타나는 모든 비정상적인 현상을 모두 포함하는 용어로서, 기생성 병원체에 의한 식물병, 비기생성 요인에 의한 식물장애, 여러 가지 벌레에 의한 충해 등은 물론 우리가 알 수 없는 원인에 의한 식물의 생리적 이상, 식물의 유전자 변이에 따른 이상 등 모든 것을 총망라한다.
 충해와는 달리 병원체나 환경요인에 의한 피해들은 피해의 원인과 피해결과(증상)를 연결하여 생각하기 힘든 경우가 대부분이다.
 여러 원인이 비슷한 증상을 일으키며, 같은 증상이 다양한 원인에 의하여 나타나는 경우가 많다. 이러한 특성은 원인진단을 힘들게 하므로, 정확한 원인규명을 위해서는 병원체 종류 및 비기생성 요인과 그에 의한 식물병 및 피해 발생과정 등을 자세히 알고 있어야 한다.
 식물병이란 외부 환경의 끊임없는 자극에 의하여 살아 있는 식물체 또는 그 생

산물에 나타나는 형태적·생리적 이상으로, 넓게 생각하면 식물 이상과 거의 다름 없다. '외부 환경의 끊임없는 자극'이 바로 피해증상의 원인으로서 병의 경우에는 우리가 '병원체' 또는 '병원균'이라고 부르는 것들이며, 환경 이상에 의한 경우에는 아황산가스와 같은 오염원, 저온 등 기상요인, 잎말이나방 등 벌레들이 모두 해당된다.

또한 형태적·생리적 이상이란 식물이 병에 걸렸음을 우리에게 알려주는 변화로서, 이를 원인에 따라 '병징', '피해증상' 또는 '식흔' 등으로 부른다. 그리고 병에 걸리는 식물들은 특별히 '기주' 또는 '기주식물'이라고 한다.

식물 이상의 원인

식물 이상의 원인은 크게 두 가지로 나뉘는데, 기생성 원인은 식물에 기생하여 병을 일으키는 생물들인 반면, 비기생성 원인은 오염물질이나 환경요인 등 무생물적 요인과 해충 등 주로 물리적 피해를 주는 생물들로서 식물에 기생하지는 않는다.

 기생성 원인

곰팡이(fungus)

곰팡이, 즉 진균은 명주실 같은 균사로 이루어진 미생물로서(그림 1-2), 대개 살아있는 생물들로부터 양분을 빼앗아 먹고(기생) 병을 일으키거나, 다른 생물이 만들어 놓은 물질이나 시체를 분해하여 양분을 얻으며(부생) 살아간다. 개개의 균사를 맨눈으로 보기는 힘들지만, 솜털 같이 모여 있으면 쉽게 눈에 띈다(그림 1-3).

진균은 현재 수십만 종이 알려져 있는데, 이들 중 동·식물에 병원성이 있는 것은 20,000종이 넘는다. 포자로 번식하는데, 가끔 식물의 병든 부위에서 먼지같이 날리는 것이 바로 포자로서 식물의 씨앗과 비슷한 역할을 한다. 포자는 주로 바람

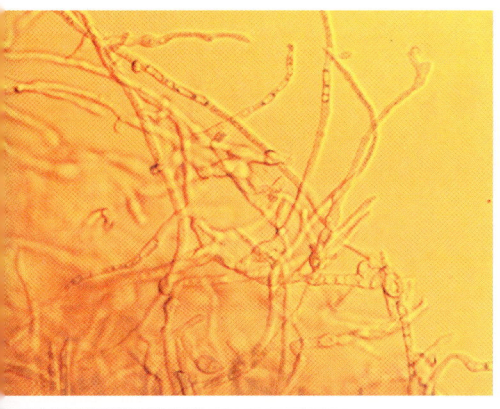 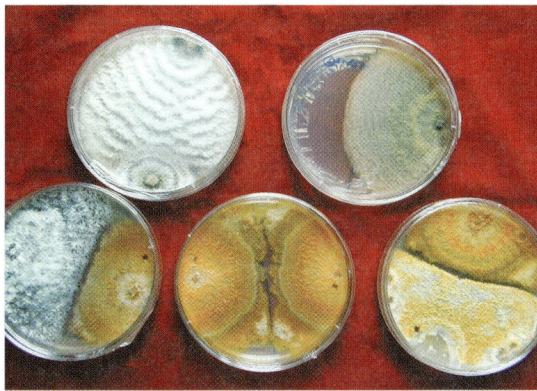

그림 1-2(좌) 곰팡이의 균사 (400배)

그림 1-3(우) 인공배양된 식물병원곰팡이

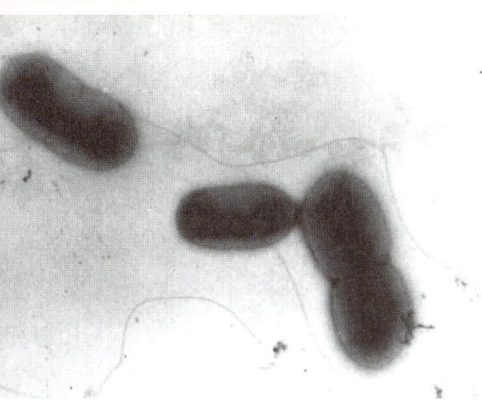 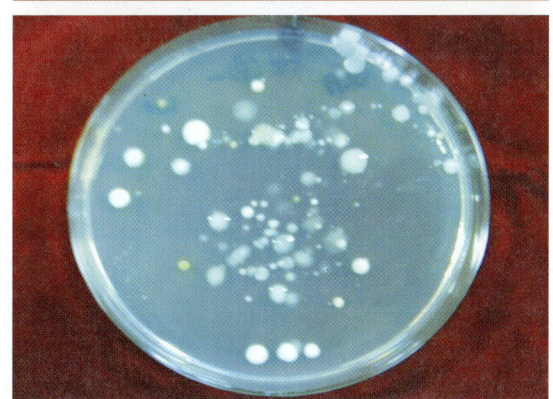

그림 1-4(좌) 세균의 모양 (4,000배)

그림 1-5(우) 인공배양된 식물병원세균

과 물에 의하여 전파되어 새로운 식물을 감염한다. 사람이나 동물에 의해, 또는 식물체를 옮길 때 따라서 옮겨지기도 한다. 곰팡이는 유성포자나 균핵 등 휴면구조로, 또는 감염조직 내에서 균사로 겨울을 난다.

세균(bacteria)

식물기생세균은 단세포원핵생물로서 몸이 둘로 쪼개지는 이분법으로 증식한다. 현재 약 4,000종이 알려져 있는데, 대부분 광합성을 못하기 때문에 곰팡이 같이 기생 혹은 부생생활을 한다. 장미의 병원균으로는 *Agrobacterium* 등 2속만이 알려져 있다.

식물기생세균은 매우 작고 모서리가 둥근 벽돌모양으로(그림 1-4), 인공배지에서 잘 자라며 뚜렷한 균총을 만든다(그림 1-5). 증식속도가 매우 빨라서 환경조건이 적절하면 20분만에 두 배로 증식하는 등 급작스럽게 증식하여 매우 심한 병을

일으키기도 한다. 즉, 한 세대가 20분으로서 시간당 8배, 24시간이면 천문학적 숫자인 4,000,000,000조배 이상으로 늘어난다.

주로 상처를 통하여 침입하나, 식물의 잎에 자연적으로 나있는 기공, 수공, 꽃의 꿀샘 또는 줄기의 피목 등으로 침입하기도 한다. 세균은 사람, 곤충, 물, 흙 등에 의해 다른 식물 또는 장소로 옮겨지며, 때로는 토양 속에서 몇 년 동안 병원성을 지닌 채로 살아 있을 수도 있다.

바이러스(virus)

생물과 무생물의 중간상태로서 대부분 공 또는 막대모양이다(그림 1-6). 다른 미생물 또는 생리장애나 오염피해 등과 비슷한 증상을 식물에 일으키므로 진단에 주의하여야 한다. 바이러스는 식물의 엽록소 생산을 저해하며 잎말림과 황화, 갈변 등의 증상을 일으켜, 식물이 못 자라고 작아지거나 잎 또는 꽃의 모양이 비정상으로 되기도 한다.

많은 곤충과 진균, 선충 등이 바이러스를 옮기고 다니므로 식물의 주변 생물을 잘 관리하여야 한다. 바이러스병을 방제하기 위하여 살충제를 뿌리는 이유도 바이러스를 옮기는 매개충을 없애려는 것이다. 접목은 물론, 손으로 비비는 물리적인 접촉도 바이러스를 옮기는 수단이다. 특히 장미는 접목이나 삽목으로 번식하므로 바이러스에 감염된 장미로부터는 절대로 삽수나 접수를 만들지 말아야 한다.

선충(nematodes)

지렁이 모양의 동물로서 마디가 없고 주로 땅속에서 흙 알갱이 사이를 헤엄쳐 다니며 유기물을 분해하거나 식물의 뿌리를 가해하여 양분을 빼앗아 먹는다. 현재까지 알려진 15,000여 선충 중 2,200여 종이 식물에 기생한다. 식물기생선충은 몸길이가 1mm 이하이고 투명하기 때문에 적어도 20배 이상 확대하여야 모양을 볼 수 있다(그림 1-7).

농기구 등에 묻은 흙이나 모래바람, 씨앗 등에 의해 옮겨진다. 선충 입의 바늘(구침)과 가해습성 때문에 생긴 뿌리의 상처로 다른 균들이 침입할 수도 있다. 식

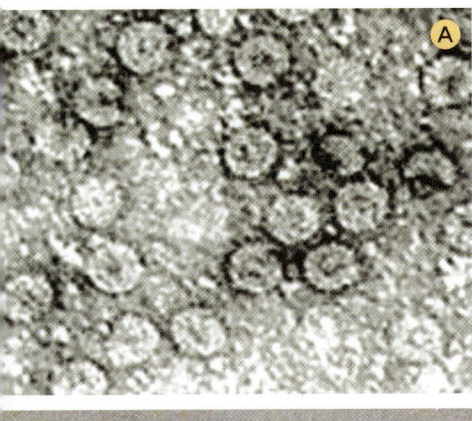
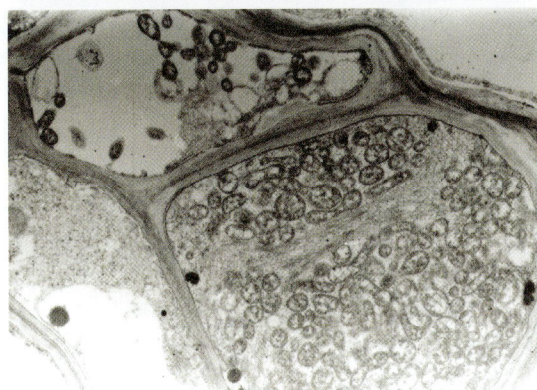
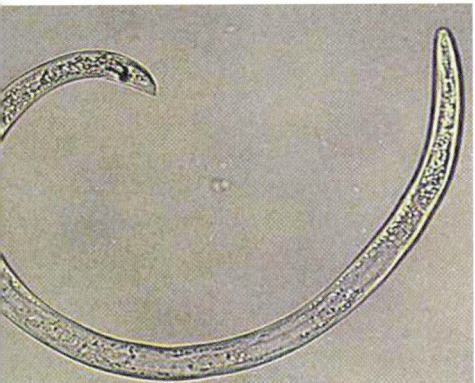

그림 1-6
식물 바이러스
(8,000배 이상)
A : 오이모자이크 바이러스
B : 담배모자이크 바이러스

그림 1-7(좌)
식물에 기생하는 선충
(200배)

그림 1-8(우)
식물 체관세포 내에
기생하고 있는
파이토플라스마(3,000배)

물기생선충이 많은 땅은 농사가 잘 안 되어 '병든 땅(sick soil)'으로 불린다. 장미도 선충의 기주식물이므로 재배지를 선정할 때 이런 사항을 잘 확인하여야 한다.

기타

이 밖에도 파이토플라스마(phytoplasma)는 식물에 기생하는 마이코플라스마(mycoplasma)로서 뚜렷한 세포벽이 없고 단순한 막으로 둘러싸여 있어 물방울 같은 원형부터 아령 같은 모양, 소시지 같이 긴 모양 등 생김새가 다양하다(그림 1-8). 식물의 체관부에 존재하며 누렁병, 빗자루병 등을 일으킨다. 최근에는 로제트 등 일부 비정상 장미에서 이들이 분리되고 있다.

스파이로플라스마(spiroplasma)는 파이토플라스마와 비슷한 특성을 가지나, 라면가닥과 같이 꼬불꼬불한 형태로 회전하면서 움직이고 있다. 이들은 장미에 병원성을 가지고 있으나, 확실한 발병이 보고된 바는 없다.

🌹 비기생성 원인(생물성)

곤충

곤충강(class Insecta)이라는 매우 큰 집단에 속하는 작은 동물들로서 몸이 머리, 가슴, 배의 세 부분으로 이루어져 있고 가슴에 세 쌍의 다리를 가지고 있다. 여러 방법으로 살아가는데, 상당수가 식물을 가해한다. 갉아먹거나 즙을 빨아먹으면 자잘한 퇴록점무늬, 황화 등의 흔적이 남는다. 깍지벌레처럼 뚜렷한 증상을 일으키지는 않으나 전체적으로 생육을 저해하는 경우도 있으며, 기형을 유발하는 곤충도 있다.

응애류

거미강(class Acarina)에 속하는 작은 동물로서 머리와 가슴이 합쳐져 있고 거기에 네 쌍의 다리가 달려있다는 것이 곤충과의 차이점이다. 거미강 중 응애류의 일부가 식물을 가해하는데 구침을 통해 즙을 빨아먹으므로 잎에는 자잘한 퇴록점무늬 또는 황화현상 등이 나타난다. 거미줄 같은 흔적을 남기기도 한다.

비기생성 원인(무생물성)

비기생성 병들은 대개 영양분이 지나치거나 모자라는 등 환경조건의 균형이 깨어졌을 때, 즉 물과 pH, 공기 및 토양 오염물, 온도나 습도, 일조량 등 여러 가지 환경조건이 비정상일 때 많이 나타난다. 살충제, 살균제 및 제초제도 식물체에 직접적인 피해를 주는 요인들이며, 물리적인 힘에 의한 상처를 통하여 일어나는 경우도 있다. 이러한 원인에 의한 증상들은 앞에서 언급한 미생물들에 의한 병징들과 비슷한 경우가 많다.

하지만 이러한 비기생성 원인에 의한 병들은 절대로 전염되지 않는 등 몇 가지 점에서 기생성 원인에 의한 증상과는 구분되기 때문에 세심하고 주의 깊게 관찰한다면 대부분은 기생성 병원의 병징과는 구분할 수 있다. 즉, 평소에 많은 경험

을 쌓아두고, 그 경험에 따라서 식물의 상태를 빨리 파악하는 것이 중요하다. 어느 병을 막론하고 조기 발견과 진단 및 대처는 피해를 최소화하는 지름길이기 때문이다. 그리고 가능하면 병이 나타난 뒤에 조치하는 것보다는 미리 예방하는 것이 더욱 중요하며, 경제적인 손실도 적다는 것은 모두가 다 알고 있는 사실일 것이다.

식물의 이상증상

식물의 피해증상에는 ① 혹이나 말림, 뒤틀림 등 형태적 이상, ② 모자이크, 누렁(황화), 갈변 등 빛깔의 이상, ③ 호흡률 증가, 광합성률 감소 등 생리적 이상 등이 있다. 그러나 이 세 가지 증상이 어우러져서 나타나는 것이 대부분이다.

예를 들면 식물에 나타나는 괴저(necrosis)증상은 세포가 죽어서 그 부분이 꺼지는 등 조직의 모양이 변하는 것으로서, 그와 동시에 조직이 검은색 또는 검은 갈색으로 변하고 생리대사율도 떨어진다.

때로는 생장률에 변화가 생기기도 하는데, 예를 들면 세포분열이 제대로 되지 않아 조직이 축소되고 식물체는 난쟁이같이 작아지는 분열저하(hypoplasia), 혹(종양, 암종) 같이 특정부위 세포가 지나치게 분열하여 그 부분이 커지고 영양손실을 초래하는 이상분열(hyperplasia) 등이다.

식물 이상의 방제

병이란 병원체, 환경, 그리고 식물(장미) 등 세 가지 조건이 부합되어야 나타나며, 간혹 병원균을 옮기는 매개체가 추가되면서 발생 양상이 달라질 수 있다. 비기생성 원인에 의한 이상도 분명히 이상의 원인과 또 그 이상의 정도를 조절하는 요인들이 있게 마련이다.

이런 내용을 자세히 파악하고 있어야만 피해가 나타났을 때 이들을 적절히 조절하며 효율적으로 대처할 수 있다. 더군다나 예전과 달리 병의 박멸보다는 병을 관리하는 쪽으로 관심을 기울이고 있는 현대 병방제 체계에서는 이러한 노력이 더욱 중요하다.

방제(예방+구제)의 첫걸음은 우선 원인을 찾아내어 제거하고(구제), 그러한 원인이 다시 또 피해를 주지 않도록 사전에 미리 조치를 취하는 것이다(예방). 이 책은 본문에서 장미의 여러 가지 병해충 및 환경장해에 대하여 각각 설명하며 적당한 방제법과 방제약제들을 제시하고 있으므로 여기서는 전반적인 사항들만 간단히 설명한다.

이상은 일단 발생한 뒤에는 완전히 방제하기가 쉽지 않으며, 방제에 있어서도 결국 경제적 손익을 따져보지 않을 수 없다. 따라서 장미 생산량과 병해충 방제에 필요한 노동력 및 약제 사용을 경제적인 사고방식을 가지고 분석하여야 한다. 그러나 무엇보다도 중요한 것은 언제나 세심한 마음으로 식물을 자기 몸같이 보살피는 것이며, 관찰한 바를 기록하고 정리하여 과거의 경험을 되살린다면 큰 도움이 될 것이다.

식물 이상은 그때그때의 조건과 환경에 따라서 가장 적합한 방제법이 달라지며 방제에 소요되는 비용도 무시할 수는 없기 때문에, 자기가 처해있는 환경에서 어떤 방제법이 가장 좋을지를 결정할 때는 주변의 전문가나 경험이 많은 사람과 상의하는 것이 바람직하다.

사실 계속하여 장미를 키우다 보면 어떤 한 가지 방제법만으로 완전하게 방제한다는 것은 거의 불가능하여 여러 방제법을 함께 사용하는 경우가 대부분이다. 그러나 어떤 경우에도 가장 중요한 방제수단은 예방이다.

 **배제(exclusion)**

다른 곳으로부터 병해충이 들어오는 것을 원천적으로 막는 것으로 가장 기본적인 방법이다. 가장 대표적인 예가 바로 식물검역인데, 이것은 외국이나 다른 지역

에서 오는 식물성 재료들을 검사하여 위험한 병해충을 원천적으로 봉쇄하는 것이다. 검역은 다른 방법으로는 방제할 수 없는 식물병해충의 경우에 특히 효과가 좋은 방제법이며, 지역 단위별로 대규모로 지속적으로 시도되어야 효과가 있다. 또한 처음부터 병해충에 감염 또는 오염되어 있지 않은 식물을 구입하여 재배해야만 한다. 이 방법은 특히 바이러스 또는 세균에 의한 병의 방제에 아주 효과적이다.

박멸(eradication)

병해충을 완전히 제거하는 것이다. 즉 감염된 식물을 없애거나, 내성이 강한 작물로 윤작하거나, 부분적으로 나타난 병해충에 효과적인 화학물질을 사용하여 제거하는 것으로, 일반적으로 가장 많이 사용되는 방법이다. 바이러스병의 경우는 살충제를 뿌려서 바이러스 매개충을 제거하는 방법도 여기에 포함된다.

보호(protection)

내성이 강한 식물을 심어서 병원균이나 해충 및 환경이상으로부터 보호하는 방법이다. 또 보호약제를 사용하거나 저항성 품종을 재배하는 것도 보호다. 다행이도 저항성 품종들이 계속 개발되고 있으므로 이들에 대한 정보 수집이 중요하다.

치료(therapy)

병원균을 저해하거나 불활성화시키는 물질을 식물에 처리하여 식물체를 회복시키는 방법으로, 주로 화학합성농약을 사용한다. 즉, 살균제를 처리하여 병을 없애고 확산을 막는 것이다.

장미의 전염병

장미의 전염병은 크게 잿빛곰팡이병·노균병·검은무늬병·흰가루병과 같은 곰팡이에 의한 병, 뿌리혹병·털뿌리병과 같은 세균에 의한 병, 장미 로제트병과 같은 파이토플라스마에 의한 병, 장미 모자이크병·장미 둥근무늬병·장미 잎말림병과 같은 바이러스에 의한 병, 식물기생선충과 같은 선충에 의한 병으로 구분된다.

01 곰팡이에 의한 병

잿빛곰팡이병(botrytis blight)

우리나라를 비롯하여 전세계적으로 화훼, 채소, 과수 등 어느 작목에서나 문제가 되는 매우 중요한 병이다. 보트라이티스마름병, 꽃마름병, 눈마름병, 송이마름병 등 여러 가지로 불린다. 장미에서는 줄기궤양병이 같이 나오는 경우가 많다. 실내외를 막론하고 장미를 재배하는 곳이면 어디에나 항상 존재하는 골칫거리다. 재배 중은 물론, 특히 장미 채취 후 저장과 운송과정에서도 많이 나타난다.

 병징

병원균의 포자는 생육이 왕성한 조직은 잘 감염하지 못하고 공기 중을 떠다니가 절화의 상처로 침입하여 저장실이나 운송실 등 습도가 높은 곳에서 신속하게 감염하여 병징을 발현한다. 운송용기 내부 습도가 높다면 이 병 발생에 아주 이상

적인 조건이다.

  장마철 같이 습기가 많고 낮은 온도가 지속되면 정원에서 자라는 장미의 싹이 자연적으로 시들고 떨어지거나, 잿빛 내지 갈색의 균사가 싹을 덮는다. 병원균이 침입한 싹은 축 늘어지고 부드럽게 내려앉고, 싹의 기부가 있는 줄기가 잿빛 또는 검은색으로 변한다.

  온실장미에도 노지재배와 비슷한 양상으로 발생한다. 감염된 꽃잎에는 작은 반점들이 나타나고(그림 2-1), 끝과 가장자리는 갈색으로 마르기 시작한다. 이러한 반점들은 흰장미품종에서 더욱 뚜렷하게 나타난다. 병원균은 상처나 싹을 통하여 줄기에 침입하고 병징을 일으키며 줄기 아래쪽으로 옮겨가는데, 줄기궤양으로 발전하여 줄기마름을 일으킨다(그림 2-2).

  만약 생육 초기에 이러한 환경이 만들어진다면 새로운 줄기의 마디도 침입을 받아서 줄기 전체가 말라죽는다. 감염된 부위는 잿빛 내지 갈색의 균사로 뒤덮이고 그 위에 포자들이 만들어져, 바람이 세게 불거나 건드렸을 때 공기 중으로 잿빛 먼지가 퍼져나가는 것을 쉽게 볼 수 있

그림 2-1
잿빛곰팡이병의 초기 증상. 균이 침입한 장미 꽃잎에 작은 반점이 나타난다.

그림 2-2
잿빛곰팡이병균에 의한 줄기마름과 병든 부분에 생긴 검은 알갱이(균핵)

그림 2-3
잿빛곰팡이병의 후기 증상

는데, 이 먼지가 바로 포자들이다. 저장 중의 장미도 가끔 이 균에 감염되어 식물체 전체가 털로 뒤덮인 듯이 되기도 한다(그림 2-3).

 병원균

*Botrytis cinerea*가 병원곰팡이인데 변이가 매우 잘 일어난다. 실제로 장미에 침입하는 보트라이티스의 독성도 균주마다 다르며, 아마도 한 종 이상의 균주들이 복합적으로 장미에 침입하는 것으로 추정하고 있다. 균이 잘 자라고 병이 잘 나는 온도는 15℃로 비교적 낮으나 습도는 높은 습도를 좋아한다.

완전한 조직은 일반적으로 잘 침입하지 못하며 상처를 통해 조직 내로 침입한다. 병든 부분에 생기는 작고 검은 콩알 모양의 균핵(그림 2-2)은 주로 겨울나기(월동)를 위해서 만들어진다.

 방제

감염된 장미의 싹, 꽃, 줄기 등은 눈에 띄는 즉시 철저히 제거한다. 다른 균에 비해 훨씬 많은 포자를 만들어내고 포자는 주로 공기의 흐름을 통하여 이동하므로 발견 초기에 제거하여야만 병원균의 만연을 막을 수 있다.

장미재배지나 저온창고 등의 소독은 필수적이다. 특히 비가 내리든지 하여 외부 온도가 떨어지면서 온실의 습기가 응결하고 물방울들이 만들어지면 병 발생에 아주 좋은 조건이 된다. 이럴 때는 온실 공기를 순환시켜 응결된 물방울들을 없애야만 한다. 공기순환은 장미를 저장하는 동안에도 반드시 필요하며, 장미모의 뿌리를 내리는 증식상자에서도 마찬가지다.

살균제로 병원균을 제거하기도 하는데, 주로 절단 부위의 상처를 보호하는데 사용한다. 절화 후나 병징 발견 즉시 살균제를 처리하는 것이 좋으며, 절화장미를 저장창고로 옮길 때는 반드시 사용하여야 한다. 그러나 현재 장미 잿빛곰팡이병 방제용으로 품목 등록된 살균제는 많지 않다〈표 2-1〉.

살균제	사용방법	비고
펜헥사미드 수화제	-발병 초 7일 간격, 3회 이내 -사용량 : 20g/20L	발병 전 예방 목적 처리는 더욱 좋은 효과를 얻을 수 있음.
펜헥사미드 액상수화제	-발병 초 7~10일 간격, 3회 이내 -사용량 : 20ml/20L	사용 전에 약액을 잘 흔들어 사용하여야 함.
후루디옥소닐 과립훈연제	-발병 초 7일 간격, 3~5회 이내 -사용량 : 300g/10a	

표 2-1
보트라이티스균에 의한 장미 잿빛곰팡이병 방제용 살균제

 살균제 처리에서 가장 큰 문제는 바로 병원균의 살균제 저항성이다. 동일한 살균제를 여러 번 자주 살포하면 그 살균제에 저항성인 곰팡이가 나타날 확률이 높아진다. 국내에서도 베노밀, 프로피 등의 살균제에 대한 저항성균이 출현하였다는 보고가 있다. 처리 살균제의 효과를 세심히 관찰하여야 하며, 살균제 사용 전에 전문가와 상의하는 것이 좋다.

 한편 이 균은 355nm의 파장을 가진 빛(자외선)이 있어야 포자를 만들 수 있으므로 온실을 덮는 비닐을 일반 비닐이 아닌 자외선 차단 비닐을 사용한다면 이 병원균이 포자를 만드는 것을 저해하여 병의 발생을 상당히 줄일 수 있다.

노균병(downy mildew)

 1862년 영국에서 처음 보고된 이래 세계 각지에서 보고된 매우 중요한 병이다. 정도의 차이는 있지만 모든 장미품종, 심지어는 야생장미까지도 모두 감수성인 것으로 알려져 있다. 우리나라에서도 방제를 하지 않으면 심하게 발생한다.

 병징

 잎, 줄기, 꽃잎, 꽃받침 등에 나타난다. 병원균은 일반적으로 정단 생장을 하고 있는 어린 조직들을 침입한다. 잎에는 자주색에서 검은색의 불규칙한 반점들이

만들어지는데(그림 2-4, 그림 2-5), 작게는 조그만 점으로부터 크게는 길이 2cm가 넘는 것까지 다양하며 줄기나 꽃자루까지 번지기도 한다. 꽃받침에도 이와 비슷한 증상들이 나타나며, 감염된 가지들은 죽는 수도 있다.

작은 잎은 전체가 노란색으로 변하기도 하는데, 때로는 지름 약 1cm 정도의 정상적인 녹색 조직이 남아있기도 한다. 잎에는 마치 농약 약해를 입은 듯 타는 증상이 나타나거나 매우 심하게 떨어질 수도 있다(그림 2-6).

또한 습하고 서늘한 환경에서는 잎 아랫면(뒷면)에 수많은 포자주머니가 생기는데(그림 2-7), 거기서 스스로 움직이는 유주포자가 만들어진다. 환경이 부적당하면 포자가 매우 드물어 알아채기 힘들 때도 있다. 노균병은 뒤에 설명할 흰가루병과는 달리 잎의 아랫면에만 포자를 만든다.

그림 2-4(좌) 잎 앞면에 생긴 노균 병징

그림 2-5(우) 노균 병징의 확대 사진

그림 2-6(좌) 병징이 나타난 부분은 병이 진전됨에 따라 조직이 괴저한다

그림 2-7(우) 병징이 나타난 부분의 잎 뒷면에 보이는 병원균의 균사와 포자

병원균

*Peronospora sparsa*라는 곰팡이가 노균병을 일으킨다. 병원균은 세포 안으로 침입하며, 생육기 중에는 감염된 잎의 아랫면에 유주포자낭을 만든다. 주로 감염된 줄기에서 균사 상태로, 또는 난포자로부터 만들어진 후막포자 상태로 병든 장미 조직에서 겨울을 보낸다. 습도가 높고 온도가 서늘하게 유지되는 한 포자낭은 계속 만들어진다.

상대습도가 85% 이하일 때는 장미 노균병을 염려하지 않아도 된다. 병원균이 존재하는 상태에서는 온실 내 상대습도가 85% 이상으로 3시간 이상 지속되면 거의 틀림없이 이 병이 발생하여 큰 문제가 된다.

포자가 발아하는 적온은 18℃이며, 5℃ 아래로 내려가면 포자가 발아하지 않고, 27℃에서 24시간이 지나면 포자가 완전히 죽는다. 포자낭은 물 속에서 4시간 안에 발아하며, 환경조건이 이상적일 때는 잎 표면에서 3일 만에 만들어질 만큼 병은 빨리 진행된다.

한편 감염된 뒤 떨어져 마른 잎에서도 포자들은 한 달 이상 생생하게 살아 있으니 주의하여야 한다.

방제

온실 내부 온도를 27℃ 이상으로 유지하고 환기를 잘 시켜주면 노균병의 발생을 억제할 수 있다. 그러나 온실에서는 해가 지고 나면 실내 온도가 갑자기 떨어지면서 공기 중의 수증기가 응결되어 실내 습도가 높아지기 쉬우므로 각별한 주의가 필요하다. 환경이 적당할 때에는 노지에서도 큰 문제가 될 수 있다.

따라서 노지나 온실을 막론하고 환경조건이 병 발생에 적당해지면 반드시 방제용 살균제를 살포하여 병원균의 침입을 막아야 한다. 병 발생에 좋은 조건일 때에는 병징이 보이지 않는다고 하더라도 예방적으로 살균제를 처리하는 것이 병을 방제할 수 있는 좋은 방법이다. 장미 노균병 방제용으로 등록되어 있는 살균제는

표 2-2
장미 노균병 방제에
사용되는 살균제와
사용법

꽃색	사용 방법	비고
디메쏘모르프 · 염기성 염화동 수화제	-발병 초에 7일 간격으로 작물에 따라 1~5회 이내 사용 -사용량 : 10g/20L	예방 위주로 살포할 때 효과가 우수함.
메타실 · 디메쏘모르프 수화제	-발병 초에 7일 간격으로 작물에 따라 3~5회 이내 사용 -사용량 : 20g/20L	두 약제의 혼합제이기 때문에 메타실 또는 디메쏘모르프에 대한 저항성균에도 효과가 있음.
메타실엠 수화제	-발병 초에 7일 간격으로 사용 -사용량 : 40g/20L	잎에 약흔이 남을 수 있으나, 관주 처리도 효과적이지만, 저항성균의 발현 여부를 조사하고 사용해야 함.
메티람 입상 수화제	-발병 초에 7일 간격으로 사용 -사용량 : 40g/20L	발병 전에 사용하여야 함.
시아조파미드 액상수화제	-발병 초에 7일 간격으로 작물에 따라 2~4회 이내 사용 -사용량 : 10ml/20L	
포세칠알 수화제	-발병 초에 7일 간격으로 사용 -사용량 : 40g/20L	약액이 고루 묻도록 처리해야 함.

표 2-2와 같다.

또한 병원균이 겨울을 지나 이듬해에 다시 병을 일으키는 것을 막기 위해서는 휴면기 포장 청결에도 많은 관심을 기울여야 한다. 병원균은 줄기에서 주로 균사와 난포자로 겨울나기를 하고 있기 때문에 장미를 재배하는 사람들은 신경을 써서 조심스럽게 가지치기를 해야 하는 한편, 노균병에 감염된 것으로 의심되는 부위는 가차 없이 제거해야 한다.

검은무늬병(black spot)

품종을 막론하고 세계적으로 장미에 가장 많이 나타나며, 온실재배에서는 거의 문제가 되지 않으나 야외재배에서는 자주 나타난다. 재배장미는 물론 인가목, 찔레 등 수많은 야생장미에도 발생한다.

🌹 병징

감염된 잎 윗면(앞면)에 지름 2~12mm의 타원형 반점이 생기는데, 때로는 반점들끼리 합쳐져서 불규칙한 모양을 하기도 한다(그림 2-8, 그림 2-9). 돋보기로 보면 잎과 어린 줄기의 반점에 모래알같이 작고 검은 점이 보이는데(그림 2-10), 이는 병원균의 포자덩어리이다.

검푸른 반점은 잎이 떨어질 때까지 잎 전체로 계속 번진다. 병원균은 병환부에 있으며 반점 둘레의 조직은 누런색으로 변하는데(그림 2-11), 병원균과 장미의 상호작용으로 페놀화합물과 아미노산 등이 축적되어 나타나는 현상이다.

누런 반점은 커지는 속도가 그리 빠르지 않아서 저항성이 강한 품종 또는 좋지 않은 환경에서는 작고 검은 점들만 나타나고 조직이 누렇게 되거나 잎이 떨어지지 않기도 한다.

감수성 장미에서는 올해 나온 어린 줄기가 부풀고, 그 위에 붉은 자주색의 불규칙한 반점들이 발달한다. 이 반점들은 시간이 지나면서 검게 변하고 쉽게 부스러진다. 이렇게 생겨나는 상처 둘레에는 포자들이 만들어지는데, 병반은 시간이 지날수록 가지 전체로 옮겨간다. 가지의 병반은 좀처럼 가지를 죽이지는 않지만, 병원균이 겨울을 나는데 있어서는 매우 중요한 장소이다.

잎에서와 비슷한 작고 검은 점들이 잎자루와 탁엽에도 생긴다. 화관에도 비슷한 병징이 나타나는데, 상대적으로 붉은색을 띤 점들이 생긴다. 병 박멸 차원에서는 이러한 조직도 반드시 제거하여야 하며, 화관은 가지와 더불어 이듬해에 발생할 병원균이 존재하는 장소로서 중요한 역할을 한다.

🌹 병원균

곰팡이인 *Marssonina rosae*가 병원균이다. 유럽에서는 *Asteroma rosa*, *Actinomena rosa* 등이 보고되어 있다. *M. rosa*의 기생 균사는 흰색이지만 시간이 지남에 따라 검게 변한다. 병원균은 장미 세포에 흡기라는 구조물을 집어넣어

그림 2-8(좌)
검은무늬병의 초기 증상

그림 2-9(우)
검은무늬병에 감염된 부분에 만들어진 포자덩어리

그림 2-10(좌)
병든 부위를 확대하면 보이는 작고 검은 점 (포자덩어리)

그림 2-11(우)
감염된 잎은 병징 둘레부터 시작하여 잎 전체가 누레진다.

양분을 빼앗는다.

무성생식 포자는 감염된 조직의 표피에 나타나는데, 표피조직이 파괴되어 균사와 뒤섞여 나타난다. 죽은 잎조직 세포에서는 균사는 보여도 흡기는 없다. 북미와 유럽에서는 *M. rosae*의 완전세대인 *Diplocarpon rosae*도 보고되었다. 유성포자는 강하게 방출되어, 공기로 퍼지지만 물로 옮겨지지는 않는다.

 생활사

일반적으로 어린잎은 병원균의 침입에 매우 약하며, 병원균의 포자는 포화상대습도가 최소한 5분만 지속되어도 발아하며, 무성포자는 잎에서 9~18시간 안에 발아하여 균사가 자란다. 균사는 잎 표면의 큐티클 층을 뚫고 잎 속으로 침입하며, 식물세포벽의 구멍을 통하여 안으로 침입하여 영양물질을 빼앗는다. 곧이어

2차 균사가 만들어지며 3~5일 내에 타원형 반점이 나타난다.

병 발생은 위쪽 잎에서 아래쪽 잎들로 퍼져간다. 눈으로 보이는 병징이 나타나기까지는 3~16일 정도 걸리는데 온도와 침입한 포자의 양에 따라 다르다. 대개 약 10일 정도 지나면 새로운 포자들이 잎 윗면에 나타나며 한 달 뒤에는 잎의 아랫면에서도 볼 수 있다. 포자들은 대부분 빗물이나 흩뿌리는 물, 또는 동물이나 사람, 바람에 의해서 퍼진다.

바람에 날려 떨어진 병든 잎은 주변 곳곳에 흩어져 병을 만연시킬 가능성도 있다. 병원균은 토양에서는 살 수 없지만 포자는 농기구, 식물의 가지 등에 붙어서 약 한 달 동안 살 수 있으므로 기구를 사용한 뒤에는 깨끗하게 소독하는 것이 중요하다. 특히 온실 등 따뜻한 곳에서는 균의 활성이 일년 내내 유지되므로 각별히 주의하여야 한다.

병원균은 떨어진 잎과 줄기에서 균사 상태로 겨울을 나므로, 병든 가지를 잘라내고 떨어진 잎을 철저히 없애야 한다.

병역학

*M. rosa*는 15~27℃의 넓은 범위에 걸쳐 살 수 있다. 포자 발아는 18℃에서 가장 좋으며 36시간 안에 96%가 발아한다. 그러나 33℃가 넘으면 포자가 발아하지 못하며, 30℃에서는 발아는 하지만 식물에 침입하지 못하고 죽는다. 침입 최적온도는 19~20℃이다.

한편 습도에 매우 민감하여 기온이 15~24℃라고 하여도 접종한 지 7시간 안에 잎 표면이 마르면 식물에 침입을 못한다. 또한 상대습도가 100%라도 포자가 젖은 상태가 아니면 발아하지 못한다. 포자는 완전히 젖은 후 최소한 8시간이 되어야 발아하므로, 성숙한 포자는 기주식물에 침입하기 직전 최소한 7시간 동안은 젖어 있어야 한다.

이러한 성질을 이용하여 온실재배에서는 습도를 조절하여 병 발생을 조절할 수 있다. 실제로 야외에서 건조상태가 계속되면 검은무늬병 발생이 줄어든다. 반대

로 해안지역의 서늘하고 습기 찬 바람 또는 물 뿌림에서 오는 바람들은 병원균의 침입을 도와 병 발생률을 높인다.

즉, 건조한 지역에서는 병 발생이 제한적이며, 온실에서는 상대습도가 낮은 곳 혹은 물주기를 짧게 하였을 때 발병률이 비교적 낮다. 여름의 복사열과 겨울의 서늘함 역시 병의 만연을 막는 수단이다.

🌹 방제

이 병은 농약보다도 물리적으로 환경을 조절하는 것이 가장 바람직하다. 우선 잎을 젖은 상태로 오래 유지시키지 않으면 병원균 포자가 발아하지 못하므로 병 발생률을 낮출 수 있다.

스프링클러는 병 발생을 조장하므로 피하고 햇빛이 있을 때 물을 주며, 수분 과다공급을 막기 위하여 야간 혹은 습도가 높을 때는 관수하지 않는 것이 좋다. 땅 가까이의 잎이 가장 쉽게 감염되므로 땅에 떨어진 병든 잎을 우선적으로 제거한다.

밀식재배는 병원균에게 높은 습도를 제공하여 주는 것이므로 바람직하지 않다. 살균제는 예방차원에서 뿌려 병 발생을 억제하는 것이 가장 바람직하다. 최근 국내에서는 아족시스트로빈 수화제가 등록되어 사용되고 있다.

현재 4배체 장미 외에는 이 병에 저항성인 품종은 거의 없다. 다만 베베루네(Bebe Lune), 코리나도(Corinado), 어네스트(Ernest H.), 모르스(Morse), 포티나이너(Fortyniner), 그랜드오페라(Grand Opera), 루시크롬폰(Lucy Cromphorn), 스핑크스(Sphinx), 티아라(Tiara), 케어프리(Carefree), 뷰티(Beauty), 심플리시티(Simplicity) 등은 저항력이 강하다고 알려졌다.

일반적으로 티 품종과 그 잡종 및 폴리안싸 품종은 이 병에 매우 약한 반면 해당화, 모스장미, 돌가시나무 등은 이들보다는 저항성이 비교적 강하다. 대목으로 사용하는 웰치 품종과 찔레 등은 가장 저항성인 것으로 알려져 있지만, 대목의 품종과 이 병에 대한 저항력과는 큰 관련이 없다는 보고도 있다.

흰가루병(powdery mildew)

1819년에 처음으로 보고된 이래 우리나라를 포함하여 장미를 재배하는 모든 국가에 나타나고 있는 가장 일찍부터 알려진 병이다. 전세계 구석구석까지 널리 퍼져 있으며, 특히 온실에서 가장 중요한 병으로 알려져 있다.

 병징

초기에는 주로 잎과 어린 가지에 병징이 나타나는데, 어린잎 표면에 드문드문 흰색 반점이 나타나며 병징이 계속 발달하며 마침내 잎이 뒤틀리고 죽는다(그림 2-12). 감염된 늙은 잎 또는 감염된 지 오래된 잎 위에는 둥글거나 부정형의 흰 덩어리들이 흩어져 있다(그림 2-13).

완전히 성숙한 잎에는 흰가루병균이 침입하지 않는 것으로 알려져 있다. 감염된 잎들은 다 자라지도 못한 채 떨어지기도 한다. 어린잎이나 수분이 많은 부위부터 발병한다. 가시 밑부분에도 발생하나 줄기가 자람에 따라 균의 생장은 억제된다.

병원균은 감염되어 가지에 말라붙은 잎 또는 싹 껍질 속에서 겨울을 보내고 생육기가 시작되면 자라 나오는 줄기와 잎에 침입한다. 꽃봉오리, 꽃받침(화탁), 꽃잎, 암술 등도 감염하며(그림 2-14) 꽃의 품질과 수를 떨어뜨린다. 병에 걸리면 광합성에 지장을 받아 잎이 늦게 자라고 관상가치가 낮아진다.

그림 2-12
흰가루병에 걸려 뒤틀리며 죽는 어린잎

 병원균

병원균은 *Sphaerotheca pannosa*이다. 균사체는 흰색이고 장미의 표면에서 자

그림 2-13(좌) 다 자란 잎 앞면에 나타난 흰가루 병징

그림 2-14(우) 흰가루병균의 균사로 뒤덮인 꽃

라면서 분생포자를 만들어 계속 병을 일으킨다. 발병 후기에는 하얀 균사 위에 모래알보다도 작은 검은 알갱이들이 생기는데 이들이 바로 유성세대인 자낭구이다. 자낭구는 환경과 장미의 품종 및 지역에 따라서 다를 수 있다.

 ## 생활사

장미의 겨울눈은 껍질이 두꺼워 병원균이 겨울을 나는데 아주 좋은 장소이다. 겨울눈 속의 균사는 싹이 틀 때 1차 전염원이 되어 어린 줄기에 침입하여 자란다. 잎과 줄기 표면의 균사는 계속 자라면서 엄청난 수의 분생포자를 만든다.

병든 잎을 건드렸을 때 날리는 하얀 가루가 바로 분생포자이다. 이들은 2차 전염원으로서 공기의 흐름에 따라 다른 잎이나 장미의 푸른 조직으로 옮겨가 새로운 감염을 일으킨다.

분생포자는 20℃ 안팎의 상대습도 100%인 조건에서는 2~3시간 뒤에 발아가 시작되어 잎을 침입한다. 침입균사는 잎의 세포벽을 뚫을 수 있는 효소를 내며 가느다란 균사를 잎 조직 속으로 집어넣어 16~20시간 만에 살아 있는 장미세포로부터 영양물질을 흡수하기 위한 특수한 기관을 만든다.

균사는 잎 표면에서 계속 자라며 이곳저곳에 침입하여 성숙하고, 분생포자를 만든다. 아주 좋은 조건에서는 빠르면 72시간 안에 병원균의 일생이 완성되지만 실제로 야외에서는 한 세대를 완성하는 데 보통 5~6일 이상 걸린다.

상대습도가 낮을수록 분생포자는 잘 방출되므로 한낮부터 오후에 걸쳐 공기 중의 포자 밀도가 최대로 되며 시간이 지날수록 수가 줄어든다. 장미를 계속 재배하는 온실의 경우에는 겨울나기 없이 한 해 내내 병이 발생하기도 한다. 심하게 감염된 순은 자라지 않고 감염된 눈은 싹트지 않기도 하는데, 혹시 싹이 튼다 하여도 꽃까지 감염되며 잘 못 자란다.

 병역학

장미품종의 감수성은 다양하여 램버, 덩굴장미, 장미잡종들은 일반적으로 이 병에 잘 감염되나, 돌가시 품종은 이 병에 대해 강한 내성을 가지고 있다. 또한 식물의 어린 조직은 흰가루병균에 대하여 저항성이 없고 내성이 약하나 자랄수록 저항성이 커진다.

장미의 감수성은 온도와 습도의 영향을 많이 받으며, 잎에 물기만 묻어있어도 병원균의 성장률과 침입률이 증가한다. 높은 습도에서 분생포자의 발아 적온은 21℃이며 균사생장 적온은 18~25℃이다. 습도는 97~99%일 때 발아를 가장 잘 한다.

흰가루병 발생 적기는 밤의 온도가 15.5℃이고 상대습도가 90~99%일 때로서, 이런 조건에서 분생포자가 잘 만들어지고 포자 발아와 기주 침입도 많다. 낮에는 26.7℃에 상대습도 40~70%일 때 분생포자가 잘 크며, 포자 방출도 많아진다. 이러한 조건이 7일 이상 계속되면 유행병과 같이 병이 극심하여 장미꽃 생산에 큰 지장을 준다.

 방제

내성이 강한 것으로 알려진 몇몇 품종들도 흰가루병균의 변종이 출현하여 감수성으로 바뀌고 있지만, 현재 내성이 강한 품종이 속속 개발되어 상품화되고 있다. 또한 지속적으로 보호약제를 처리하여도 병을 잡을 수 있다.

표 2-3 장미 흰가루병 방제용으로 등록된 살균제

살균제	사용간격	사용량	비고
누아리몰 유제	7일	5ml/20L	
디페노코나졸 유제	7일	10ml/20L	
리프졸 수화제	7일	5g/20L	약효 지속기간 길고, 예방 및 치료 효과
리프졸 훈연제	7일	50g/400㎥	사용 전 하우스 밀폐
마이탄 수화제	7일	13g/20L	침투이행성, 치료 효과
샤프롤 유제		20ml/20L	예방 및 치료 효과를 가짐
아족시스트로빈 액상수화제	7일	10ml/20L	저항성균 발현 위험, 연용금지
유황·가벤다짐 액상수화제	7일	40ml/20L	사용 전에 잘 흔들어야 함
이미벤코나졸 연무제	7일		약효 지속기간 길고, 예방 및 치료 효과
지오판 수화제	7일	20g/20L	저항성균 발현 위험
지오판·리프졸 수화제	7일	10g/20L	침투성 우수, 치료 효과
크레속심메틸 입상수화제	7일	10g/20L	저항성균 발현 위험, 연용금지
터부코나졸·토릴후루아니드수화제	7일	20g/20L	고농도로 사용시에 약해 위험
테트라코나졸 유탁제	7일	6.7ml/20L	침투성 우수, 예방과 치료 효과
트리아디메놀 수화제	7일	20g/20L	
트리프록시스트로빈 입상수화제	7일	5g/20L	저항성균 발현 위험, 연용금지
티디폰 수화제	10일	25g/20L	연용금지
펜부코나졸 수화제	7일	10g/20L	
펜코나졸 수화제	7일	20g/20L	저항성균 발현 위험, 3회 이상 연용 금지
프로크로라츠 수화제	7일	20g/20L	침투성 우수, 예방과 치료 효과
프로피코나졸 유제		6.7ml/20L	
플루퀸코나졸 액상수화제	7일	20ml/20L	고농도 처리시 약해 위험
피리메타닐 액상수화제	7일	10ml/20L	살포 후 충분히 환기, 저항성균 발현 위험
헥사코나졸 액상수화제	10일	10ml/20L	사용 전에 잘 흔들 것
훼나리 유제	7일	6.7ml/20L	침투성 우수, 예방과 치료 효과

노지재배와 온실재배에 사용하는 방제법이 약간 다르다. 온실재배에서는 온도가 적당하다면, 밤에는 상대습도가 높고 낮에는 낮을 때 발병이 잘된다. 따라서 온실 내 조건이 이럴 때는 반드시 방제를 시작하여야 한다. 계속하여 감염되는 어린 줄기에는 적기에 예방차원에서 보호약제를 처리하는 것이 필수적이다.

온실재배 환경은 대부분 흰가루병균이 좋아하는 환경과 비슷하여 병 발생이 많으므로 주위에서 발병이 확인된 후 3~6일 동안 주의 깊게 관찰하여야 하며, 상태가 좋아질 때까지 보호살균제를 7일 간격으로 계속 살포하여야 한다.

이 병원균은 생장과 포자생산이 특히 빠른 편이므로 온실 내 환기와 더불어 약제 살포기간을 반드시 지켜야 한다. 물리적인 환경여건 조절 즉, 환풍기나 공기순환장치, 그리고 열 공급을 통하여 밤의 습도를 조절해 주는 것도 중요하다. 최근에는 효과가 우수한 살균제가 많이 개발되어 국내에도 등록되어 사용되고 있으므로 전문가와의 상의 후에 적당한 살균제를 선발하여 사용하는 것이 좋다〈표 2-3〉.

계절이 끝날 무렵에 이미 감염된 줄기를 잘라내는 것은 이 균의 겨울나기를 없앤다는 면에서 매우 큰 의미를 갖는다. 또한 낙엽을 모아 태우는 것도 이듬해의 제1차 전염원을 없애는 것이므로 병 방제에서 빼놓을 수 없는 일이다.

일반궤양병(common canker), 접목궤양병(graft canker)

18세기 후반 영국에서 시작되어 한때 유럽에서 유행한 적이 있다. 온실과 노지 모두 발생하며, 가장 흔한 것으로 여겨지나 우리나라에서는 아직 큰 문제는 아니다.

 병징

병원균은 상처를 통하여 줄기로 침입하며, 침입한 부위에 작고 노란 점이 생겨 붉게 변하면서 반점의 크기가 점점 커진다. 반점의 가운데는 연한 갈색이며, 가장

그림 2-15
장미 줄기에 나타난 일반궤양병 병징

자리는 검은 갈색이다. 반점 속의 식물 표피는 말라죽어 쭈글쭈글하며, 때로는 부서져서 작은 포자를 방출한다(그림 2-15).

반점은 줄기에 띠를 만들어 시들게 하며, 반점 위의 조직은 모두 죽고 거기에 무성생식기인 모래알 같은 병자각이 많이 만들어진다.

병은 주로 접목한 부분으로부터 시작하는데, 따뜻하고 습기 찬 지역에서는 더욱 심하다. 특히 옮겨 심는 등 스트레스를 받은 장미에서 더욱 심하다.

🌹 병원균

병원균은 *Coniothyrium fuckelii*이며, 유성세대는 *Leptosphaeria coniothyruim*이다. 이 균은 줄기 속으로 침입하여 검고 둥글며 돌출한 길쭉한 구멍이 있는 병자각을 만든다. 병자각 속에는 원형 내지 타원형의 포자가 들어있으며 장미 줄기 표피에서 검은 연기와 같이 퍼진다. 병자각은 잎의 검은 반점에도 생기지만, 대개 줄기에 생긴다. 병원균은 곤충의 가해, 가지치기, 가시 탈락, 껍질 벗겨짐 등에 의한 상처를 통하여 침입한다.

🌹 방제

줄기의 상처를 피하는 것이 방제의 첫걸음이다. 가지는 반드시 마디 바로 위를 잘라 상처를 최소화하여야 한다. 감염된 줄기는 날카로운 기구를 사용하여 병징

이 보이는 부분 아랫마디까지 가능한 한 상처가 작고 깨끗하게 잘라내야 한다. 상처를 보호하는 측면에서 살균제를 사용하기도 한다.

녹병(rust)

녹병은 잎과 줄기에 쇠가 녹슨 것 같은 증상이 나타난다고 하여 붙여진 이름으로, 수천 년 전부터 사람들의 주의를 끌어온 아주 중요한 식물병이다. 로마시대에는 녹병의 피해를 막기 위하여 '로비갈리아' 라는 특정한 날을 정해 놓고 신에게 제를 올리기도 하였다. 밀, 보리 등 식량작물을 포함하여 다양한 종류의 식물을 감염하며, 유럽과 미국에서는 몇 차례 큰 기근의 원인이 되었다.

일반적으로 녹병균은 한 세대를 완성하기 위하여 반드시 다른 종류의 기주식물로 옮겨가는 기주교대를 하는데, 장미 녹병균은 다른 녹병균들과는 달리 기주교대를 하지 않는다.

세계적으로 영국에 가장 많은 종류의 녹병균이 존재하고 가장 많은 장미품종이 녹병에 걸리는데, 이는 영국이 다른 나라들에 비하여 장미재배 역사가 길고, 많은 품종이 있기 때문인 것으로 생각된다. 일년 내내 서늘하고 습기 많은 날씨가 오래 계속되는 영국의 기후 특성

그림 2-16(좌)
녹병에 감염된
찔레나무의 줄기

그림 2-17(우)
녹병균 포자퇴로
뒤덮이면서
기형이 된 찔레 잎

도 장미 녹병 발생을 조장하는 것으로 알려져 있다.

우리나라의 경우 아직까지 발생 보고가 없으나 장미와 유전적으로 매우 가까운 붉은인가목, 찔레(그림 2-16, 그림 2-17), 해당화 등에서는 발생이 보고되어 있으므로 주의를 게을리 해서는 안 될 것이다.

 병징

증상은 잎에서 처음 나타나기 시작하여 어린 가지로 옮겨간다. 오렌지색의 포자(녹포자) 덩어리는 주로 잎 뒷면에 생긴다(그림 2-18, 그림 2-19). 포자는 아주 작아서 눈에 보이지 않으며, 이른 봄에 바람에 날려 다른 부위나 장소로 옮겨진다. 잎 뒷면에 포자덩어리가 생기면서 잎 앞면에서도 병반이 보이기 시작하여 시간이 지남에 따라 오렌지색 또는 갈색 반점이 나타나기 시작한다(그림 2-20).

어린 줄기와 꽃받침도 감염되며, 결국에는 말라비틀어진다. 무성생식 포자(여름포자)들로 이루어진 갈색 포자퇴는 주로 여름에 만들어지며, 적당한 환경에서는 10~14일 주기로 계속 반복 증식하여 수많은 포자를 만들어낸다. 민감한 품종은 잎이 시들고 떨어지며 줄기가 감염되기도 한다(그림 2-21).

기후가 온화하면 여름포자 단계가 계속되나, 추워지면 겨울포자단계로 접어들어 검은색 병반을 만들어 겨울나기를 준비한다. 병에 잘 걸리는 정도는 품종에 따라서 다양하며, 침입 양상 및 병 발생 과정도 다를 수 있다. 심지어 어떤 품종의 잎은 병반으로 온통 뒤덮여서도 가지에 붙어있는 반면, 어떤 품종의 잎은 단 하나의 병반만 생겨도 떨어진다.

다음의 품종들은 녹병에 비교적 잘 걸리므로 주의할 필요가 있다.

- 알렌프란시스(Arlene Francis)
- 뉴요커(New Yorker)
- 앰버(Ember)
- 베이비블래이즈(Baby Blaze)
- 아제택(Azetec)
- 녹턴(Nocturne)
- 벳시멕콜(Betsy McCall)
- 푸실리어(Fusilier)
- 피카딜리(Piccadilly)
- 황금소녀(Golden Girl)

- 푸른달(Blue Moon)
- 핑크평화(Pink Peace)
- 황금거장(Golden Masterpiece)
- 부캐니어(Buccaneer)
- 히트웨이브(Heat Wave)
- 핑크레이디언스(Pink Radiance)
- 사이렌(Siren)
- 자신감(Confidence)
- 헬렌트로벨(Helen Traubel)
- 재니(Jeanie)
- 백조(White Swan)
- 퀸엘리자베스(Queen Elizabeth)
- 보그(Vogue)
- 백색기사(White Knight)
- 서터의 황금(Sutter's Gold)
- 서커스(Circus)
- 백색부케(White Bouquet)
- 조세핀부르스(Josephine Bruce)
- 스파르탄(Spartan)
- 탈리스만(Talisman)
- 코디스퍼펙타(Kordes Perfecta)
- 디어리스트(Dearest)
- 몬테주마(Montezuma)
- 웬디커슨스(Wendy Cussons)
- 콕터(The Coctor)
- 버고(Virgo)
- 크라이슬러임페리얼(Chrysler Imperial)
- 크리스토퍼스톤(Christopher Stone)
- 글래미스의 엘리자베스(Elizabeth of Glamis)
- 프레이그런트클라우드(Fragrant Cloud)

그림 2-18(좌) 잎 뒷면에 생긴 포자덩어리

그림 2-19(우) 포자덩어리를 확대한 모습

그림 2-20(좌) 잎 앞면에 보이는 퇴록반점. 녹색이 없어진다.

그림 2-21(우) 감염된 줄기에 나타난 병징

병원균

야생장미에 녹병을 일으키는 *Phragmidium*속에 속하는 9종의 곰팡이 중에서 *P. mucronatum, P. tuberculatum, P. americanum, P. fusiforme, P. speciosum, P. montivagum* 등이 재배장미에 녹병을 일으키는 것으로 알려져 있다.

우리나라에서는 장미 녹병이 발생하지 않지만, 장미와 함께 *Rosa*속에 속하는 찔레꽃에서 *P. rosae-multiflorae*(그림 2-17)가, 그리고 해당화에서 *P. montivagum*과 *P. rosae-rugosa*가 보고되어 있다. 이 중 *P. montivagum*은 외국에서는 장미에도 병을 일으키고 있으므로 각별한 주의가 요구된다.

녹병균의 무성생식과정인 녹포자는 오렌지색, 여름포자는 갈색, 겨울포자는 검은색이다. 유성생식과정에서는 잎의 앞면에 녹병자기가 만들어지는데 일반적으로 유전자 재조합에 따라 변종이 나타날 가능성이 있으므로, 이를 막기 위해서는 유성생식기에 이르기 전에 방제하여야 한다.

녹병균의 포자는 공기를 타고 이동하여 장미 잎의 기공으로 침입한다. 감염 최적온도는 18~21℃이며, 습한 상태가 2~4시간 동안 지속되면 침입이 가능하다. 특히 온실에서 온도가 떨어지며 수증기가 응결되어 습도가 올라가면 민감한 품종들은 쉽게 감염된다. 일단 병원균이 침입하면 회복하기 어려우며, 검은색의 겨울포자퇴는 잎과 줄기의 조직 속에서 겨울나기를 하며 봄철에 담자포자를 만들어 침입한다.

방제

가장 좋은 방제법은 병의 예방이다. 생육기 동안에 감염된 잎을 제거하고, 이른 봄에 가지치기하는 것이 가장 중요한 방제기술이다. 이는 이른 봄에 나온 잎의 병원균을 줄여 병해를 줄인다는 면에서도 중요하지만, 다른 가지로 옮겨 갈 병원체를 제거한다는 면에서도 중요하다. 온실 내의 응결된 수분을 제거하는 것도 병 발생을 줄이는 일이다.

녹병 방제용 살균제는 현재 여러 가지가 판매되고 있으며, 예방적 차원에서 병이 발생하기 전부터 일주일 간격으로 뿌려주는 것이 중요하다. 녹병은 일단 시작하면 아주 쉽게 번져나가는 병으로서 사람의 법정전염병과 비슷하다. 따라서 재배단지 차원에서 병을 방제하는 것이 바람직하며, 농업기술원이나 농업기술센터 등 전문가에 알려 병의 규모와 발생 경로를 파악하여야 한다.

버티실리움시들음병(verticillium wilt)

1924년 미국 동부에서 처음 보고된 이래 세계 각지에서 보고된 것으로 미루어 이 병원균은 전세계 토양 속에 일반적으로 존재하는 것으로 여겨진다. 외국의 경우 정원장미보다는 절화생산용 온실장미에서 큰 골칫거리다. 우리나라의 경우 아직까지 장미에서는 발생이 보고되지 않았으나 가능성이 매우 높으므로 주의하여야 한다.

Verticillium albo-atrum 또는 *V. dahliae*라는 곰팡이가 병원균이다. 두 균 모두 토양 등에서 균핵으로 월동하여 새로운 감염을 일으킨다. 감염된 식물은 어린 가지 끝의 잎부터 시들기 시작하여(그림 2-22) 나중에는 낮은 부위의 잎까지 노랗게 변하는 것이 일반적 병징이다.

시들기 시작한 잎은 점차적으로 누렇게 변하고(그림 2-23), 마침내 갈색으로 말라죽는다. 또한 줄기 아랫부분부터 윗부분으로 잎이 지며 전체적으로 말라죽는다. 가지는 잎과는 반대로 끝부터 말라죽기 시작하며, 줄기 방향을 따라서 괴저병반 또는 검은 자주색 줄무늬가 생기기도 하며(그림 2-24, 그림 2-25), 결국 식물체 전체가 말라죽기도 한다.

뚜렷한 증상은 수분 스트레스를 받았을 때 잘 나타나는데, 낮에는 시들고 밤에는 정상으로 돌아오기도 한다. 노지장미에는 온실장미보다 약한 병징이 나오며, 자연치유되는 경우도 많다. 서늘한 온도에서 첫 침입이 일어나며, 온실장미는 노지장미에 비해 조직의 수분함량이 높아 버티실리움의 침입에 좋은 조건이다. 장

미에서는 버티실리움의 일반적 병징인 관다발 변색을 볼 수 없으며, 시들음 증상 또한 바이러스성 시들음과 혼동되는 경우가 많다.

병원균이 토양균이므로 토양은 반드시 멸균하여 사용하여야 한다. 장미를 옮겨 심기 전에 훈연살균제로 토양을 소독하는 것도 좋은 방법이다. 시들음병에 대한 대목의 저항성 정도는 다양한데, *R. odorata*와 Ragged Robin은 저항성이 매우 낮

그림 2-22(좌)
꽃봉오리가 있는
어린 줄기의 시들음

그림 2-23(우)
잎의 누레짐

그림 2-24(좌)
누렇게 시든
줄기와 줄기에
나타난 줄무늬
(맨 아래는
건전한 줄기)

그림 2-25(우)
시든 줄기를
확대한 모습

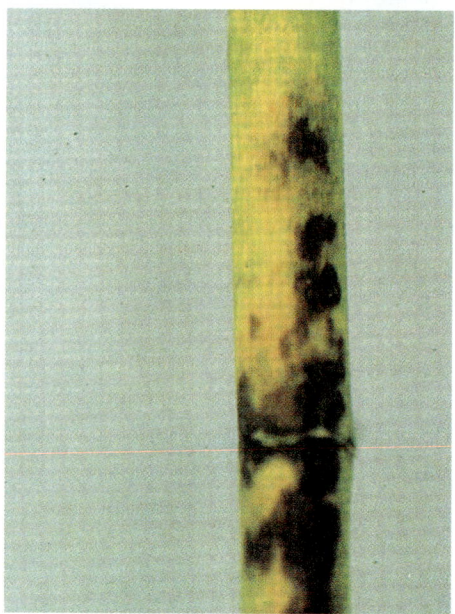

으므로 가능하면 사용을 피한다. 반면에 멀티플로라 장미와 Dr. Huey는 다소간 저항성이다. 한편 마네티 장미는 저항성이 가장 크다. 특히 온실에서는 일단 발병하면 방제하기가 매우 까다로우므로 병이 나타나기 전에 미리 예방하는 것이 가장 좋다.

부란병(brown canker), 검은별무늬병

노지재배 장미에서 주로 나타나며 장미 재배지역마다 널리 퍼져 있다. 1917년 미국 동부에서 처음 보고되었으나, 우리나라에서는 아직까지 발생이 보고된 바 없다. 병원균은 *Cryptosporella umbrina*라는 곰팡이며, 불완전 세대는 식물 줄기에 궤양병을 일으키는 곰팡이로 유명한 *Diaporthe umvrina*로 알려져 있다.

감염된 장미는 올해 나온 줄기에 작고 붉은색 내지 자주색 반점이 생긴다. 반점은 점점 커져 흰색으로 변하며 죽는데, 가장자리에는 붉은 자주색 테두리가 생긴다(그림 2-26). 궤양은 휴면기 동안 일년생 줄기에 8~12cm 정도까지 커진다. 대기습도가 높아지면 궤양부의 표피 바로 밑에 무성세대인 노란색 포자가 가득 들어찬다. 유성생식기인 자낭은 장미 줄기에 퍼져있는 자낭각 안에 들어있다.

궤양 또는 병반이 나타난 줄기는 죽은 줄기와 함께 눈에 띄는 대로 잘라내야 한다. 또 봄철의 가지치기나 꽃 자르기를 할 때는 싹이나 잎자루 바로 위를 잘라야 한다. 상처 난 곳을 보호하기 위하여 살균제를 처리하는 것도 권할 만하다.

그림 2-26
부란병균에 감염된 장미의 줄기

브랜드궤양병(brand canker)

1800년대 후반에 유럽에서 처음 보고되고 20세기 초 유럽에서 만연하였다. 현재 북미와 소련 등에서도 보고되어 있지만, 우리나라에서는 아직까지 보고가 없다. 일반적으로 시설보다는 노지의 장미 줄기에 잘 생기는 병으로 알려져 있다.

*Coniothyrium wernsdorffiae*라는 곰팡이가 병원균이며, 특이하게도 겨울에 장미 줄기로 침입하는데, 주로 꺾이거나 곤충에 의한 상처로 침입한다. 때로는 휴면 중인 싹을 통해서도 침입한다. 증상은 어린 줄기와 잎에만 나타나며, 병반의 크기는 다양하다. 처음에는 작고 검붉은 반점이 생겨서 점점 커지는데, 반점의 가장자리가 자주색으로 변하여 장미 줄기의 녹색과 아주 뚜렷한 대조를 이룬다(그림 2-27).

그림 2-27
브랜드궤양병균에 감염된 장미의 줄기.
불에 덴 듯하다.

반점의 가운데는 옅은 갈색이고 거기에 작고 검은 점들이 약간 솟아 있는 것을 볼 수 있는데, 이것이 바로 병원균의 포자가 들어있는 병자각이다. 병자각은 크기가 점점 커져서 식물의 표면에 작고 길쭉한 틈이 갈라지며 포자들이 쏟아져 나온다. 겨울 동안 줄기에 생긴 궤양은 검은색을 띤다.

따라서 이 병의 이름을 '브랜드궤양' 또는 '화상궤양병(fire-spot canker disease)'이라고 한다. 이러한 반점이 햇빛에 1~2주 동안 노출되면, 줄기에 붉은 갈색의 반점이 생기고 번져가면서 줄기가 서서히 말라죽는다.

병을 막기 위해서는 장미 줄기에 상처를 만들지 말고, 주변의 습도를 높게 유지하지 말아야 한다. 또한 상처 부분에서 정상적으로 유합조직이 만들어져 나올 수 있도록 가지치기는 마디 바로 위를 하여야 하며, 병든 줄기는 병징이 나타난 부분

아래에 있는 마디까지 잘라내야 한다. 이때, 날이 잘 선 도구를 이용하여 가능한 한 상처가 작고 깨끗하게 하여야 한다. 상처를 보호하기 위해 살균제를 사용하기도 한다.

마름병(canker dieback)

앞에서 언급한 궤양병균들 외에도 몇몇 균들이 장미를 말라죽게 하는데, 아직 철저히 연구된 바는 없다. 다행히도 이들은 모두 우리나라에서는 아직까지 보고된 바 없다. 여기서는 각각의 균과 병징 등에 대하여 간단하게만 소개한다.

넥트리아(*Nectria cinnabarina*)는 기생성은 약하지만 나무줄기에 궤양을 일으키는 것으로 널리 알려진 식물기생균이다. 장미에도 궤양병을 일으키는데 병원균은 상처를 통해 침입하며, 주로 죽은 가지의 기부에 궤양을 만든다(그림 2-28, 그림 2-29).

보트리오스패리아(*Botryosphaeria rivis*)는 주로 장미의 죽은 조직 위에 살기 때문에 건강한 장미에는 큰 문제가 되지 않지만, 장미가 스트레스를 받으면 침입하

그림 2-28(좌)
가지의 넥트리아궤양병

그림 2-29(우)
병든 줄기를 확대한 모습

여 조직을 죽이는 심각한 문제를 일으키기도 한다. 이 병이 계속 발생한다면 온실 또는 재배 장소를 바꾸는 것이 가장 좋은 방제법이다.

코라이네옵시스(*Coryneopsis microsticta*)를 무성세대로 갖는 그라이포스패리아(*Griphosphaeria corticola*)는 주로 줄기 아랫부분에 궤양을 유도하고 검은 무성생식기를 만든다. 일반적으로 궤양이 줄기 내부를 차단하면 그 위에 혹이 만들어져 마치 암종병과 같아 보인다.

실린드로클라디움(*Cylindrocladium scoparium*)은 주로 대목과 접수 사이에 기생하는 것으로 알려져 있다. 감염된 줄기를 잘라보면 바깥쪽이 검고 물에 적신 것 같이 되며 썩은 것이 보인다. 이 병징은 줄기를 둘러가며 둥근 띠를 만든다.

다이아포르테(*Diaporthe eres*)의 불완전 세대는 포몹시스(*Phomopsis mali*)이며, 이 균에 의한 병은 미국, 유럽, 이태리 등에서 보고되었다. 특히 카리나 장미 또는 멀티플로라 장미를 대목으로 사용한 관목형 장미에서 심각한 문제를 일으키는 것으로 알려져 있다.

기타 병들

여기서 다루는 곰팡이병들은 보고는 되어 있으나 자세한 조사가 이루어진 바는 없는 것들이다. 그러나 우리 환경은 끊임없이 변화하고 있고, 예측 불가능한 쪽으로 진행되는 경우도 많아, 앞으로 장미재배에 있어서 중요한 문제를 일으킬 수도 있다. 따라서 충분히 대비하고 있어야 할 것으로 생각한다.

 ### 탄저병(spot anthracnose)

병원균은 스파셀로마(*Sphaceloma rosarum*)이며, 유성세대는 엘시노에(*Elsinoe rosarum*)이다. 1898년 야생장미에서 처음 알려졌다. 검은무늬병과 혼동되는 경우가 많으며, 환경조건이 좋을 때는 노란 점들을 만들며 잎을 떨어뜨려 문제가 심각

하다. 때로는 잎에 여러 개의 반점이 한꺼번에 나타나기도 한다.

반점은 일반적으로 지름 0.5cm 이하의 원형이다. 잎의 윗면에 생기는 어린 반점은 대개 붉은색 내지 갈색, 또는 검은 자주색이다. 반점의 가운데는 잿빛 내지 흰색이며, 가장자리는 검붉은색이다. 분생포자퇴는 반점 가운데에 흩어져 있다.

병이 진전된 조직은 종잇장같이 얇은 막으로 되며, 심하면 떨어져 나가서 나중에는 완전히 구멍 나기도 한다. 병원균의 무성생식 포자는 이른 봄철부터 습도가 높은 여름철 내내 만들어진다. 포자는 떨어지는 물방울에 의해서 흩어진다. 우리나라에서도 발생하는 것으로 알려져 있다.

역병(phytophthora rot)

파이토프쏘라(*Phytophthora megasperma*)라는 곰팡이가 병원체이며, 배수가 좋지 않은 토양에서 잘 나타난다. 이 균은 장미에 상처가 있어야만 침입할 수 있다. 감염된 식물은 땅가 부분의 줄기가 물러지고 검은 갈색으로 바뀐다. 어린 줄기는 시들다가 바로 죽는다. 오래된 줄기는 아래쪽 잎이 누렇게 되며 시들다가 마침내 잎이 진다.

이 병에 약한 품종으로는 카리나, 골든랩쳐 등이 있으며, 삽목한 장미는 찔레에 접목한 장미보다 병에 더 잘 걸린다. 방제 핵심은 수분조절로서, 배수가 잘 되는 땅에서는 병 발생이 거의 없다.

잎점무늬병(leaf spot)

알터나리아(*Alternaria atternata*)는 주로 장마기간에 장미 잎에 점무늬를 일으킨다. 점무늬가 나타난 잎은 노란 갈색에서 검은 갈색으로 변하며 부서지기 쉽다. 반점들은 커지며 동심원들이 생긴다. 만일 높은 습도가 계속 유지되면 꽃봉오리나 꽃까지도 침입을 받아 상품가치가 떨어진다. 이 균은 기온이 30℃일 때 가장 병을 잘 일으킨다.

써코스포라(*Cercospora puderi*)도 지름 5mm 정도의 점무늬를 일으키는데, 가운데는 잿빛이고 가장자리는 갈색에서 붉은색이다. 떨어진 잎에는 유성세대인 마이코스패렐라(*Mycosphaerella* spp.)의 자낭각이 만들어져 있다. 여러 써코스포라균들이 장미에 점무늬를 만드는데, 종간에 포자의 모양과 크기가 약간 다르다.

콜레토트리쿰(*Colletotrichum capsici*) 역시 둥근 모양의 붉은 점무늬를 만든다. 처음에는 작은 반점이 점점 커져서 나중에는 갈색을 띤다. 이 반점은 잎 전체가 병반으로 찰 때까지 커진다.

그 밖에 모노캐티아(*Monochaetia compta*), 파일로스틱타(*Phyllosticta rosae*), 페지젤라(*Pezizella oenotherae*), 글로메렐라(*Glomerella cingulata*), 큐블라리아(*Curvularia brachyspora*) 등의 곰팡이들도 장미 잎에 점무늬를 일으킨다.

우리나라에서는 페스탈로치옵시스(*Pestalotiopsis* sp.)라는 곰팡이가 장미에 점무늬병을 일으킨다고 보고되어 있다.

꽃잎점무늬병(petal spot)

헬민쏘스포리움(*Bipolaris* (*Helminthosporium*) *setariae*)은 꽃잎에 지름 2mm 정도의 진한 갈색 점무늬를 일으킨다. 반점은 점점 커지고 합쳐져서 꽃잎의 일부가 죽는다. 결국 꽃잎은 떨어지고 상품가치가 없어진다. 이 병은 습도가 높을 때 잘 나타나며, 병징은 잿빛곰팡이병의 병징과 비슷하다.

02 세균에 의한 병

뿌리혹병(crown gall)

뿌리혹병(근두암종병)은 전세계적으로 장미과를 포함하여 60여개 과(family)의 쌍떡잎식물에 병을 일으킨다. 주요 기주는 사과, 벚나무, 국화, 포도, 복숭아, 배 등이며, 장미와 과수에도 많은 경제적 피해를 주고 있다.

1853년 유럽의 포도나무에서 처음 보고된 이래 1904년 미국에서 처음으로 병원균이 분리되었다. 우리나라에는 1913년 사과나무를 통해 일본으로부터 도입된 것으로 기록되어 있으며 사과, 감, 포도 등 과수가 대부분인 13종의 식물에서 발생이 보고되어 있다. 최근에는 고추, 멜론 등의 채소에도 발생하는 등 국내에서도 이 병의 발생이 계속 증가하는 추세이다.

장미에는 전세계적으로 발생하며 심각한 피해를 주는 유일한 세균병이다. 국내에서는 절화용 양액재배 장미에서 국지적으로 매우 심하게 발생하고 있다. 토경재배에서 뚜렷한 피해가 드러나지 않는 이유는 아마도 혹이 땅속 뿌리에 생겨 모

르고 지나치는 경우가 많고, 혹이 생긴 후에도 초기에는 지상부에 곧바로 특별한 증상이 나타나지 않아 병의 발생을 인식하지 못하기 때문으로 추측된다.

🌹 국내에서 대발생한 사례

충북 진천군의 절화장미용 양액재배 온실에서 대발생한 적이 있다. 거의 모든 장미가 양액재배 암면 근처(그림 2-30)와 줄기에 매우 크고 많은 혹(그림 2-31)을 만들었다. 재배자에 따르면 아는 사람으로부터 장미 삽수를 가져왔는데, 그 당시 그 사람의 온실에 혹이 생긴 장미가 있었다고 한다. 그 후 자신의 온실에서 장미에 혹이 생기면 보이는 대로 전정가위로 잘라냈다고 한다.

이 경우 얻어온 삽수가 겉으로는 건전해 보여도 이미 병원균에 잠복 감염되어 있었으며, 그 후에 자신의 장미에 나타난 혹을 잘라낼 때 전정가위에 병원균이 묻어, 그 가위로 다른 장미를 잘랐던 것은 결국 건강한 개체에 병원균을 묻혀주는 (접종해주는) 결과를 가져온 것으로 추정할 수 있다. 결국 그 온실의 장미는 모두 걷어내고 새로운 묘로 교체하였다.

경기도 파주에서도 양액재배 시작 단계에서 펄라이트 베드에 삽목한 거의 모든 삽수에 뿌리혹병이 발생하여 뿌리도 제대로 내리지 못하고 다 말라죽은 경우가 있었다. 이 경우 완전히 초토화한 후에 조사하였기 때문에 확실하지는 않지만 재배에 사용한 양액이 병원균에 오염되었기 때문이 아닌지 의심된다.

그림 2-30(좌) 양액재배에서 암면 가까이 생긴 혹

그림 2-31(우) 양액재배에서 줄기에 생긴 혹

🌹 병징

가장 큰 특징은 혹(gall)이며, 장미의 지제부(crown, 줄기가 땅에 접한 부분 및 지표면 바로 밑의 뿌리부분)에 가장 흔히 생긴다. 따라서 이 병을 '크라운 골(crown gall)' 또는 '근두암종병(根頭癌腫病)'으로 불러왔으나 현재는 한국식물병리학회의 식물병이름 우리말 사업에 따라 '뿌리혹병'이라고 부른다.

지제부 외에 뿌리와 줄기에도 혹이 흔히 생긴다(그림 2-32, 그림 2-33, 그림 2-36). 양액재배의 경우 그림 2-30과 같이 암면과 접한 부분에 거대한 혹이 생긴 것을 볼 수 있다. 감염된 줄기의 형성층(분열조직) 세포가 빠른 속도로 분열하여 혹이 만들어지는데, 혹의 크기와 단단한 정도는 다양하다. 혹의 모양은 일반적으로 둥글며, 껍질이 거칠고 불규칙한 편이다. 처음에는 표면의 작은 돌기 같은 것으로부터 시작하나 식물체의 활력과 생장 정도, 감염된 후의 시간 경과 등에 따라 나중에는 지름 0.5cm에서 수 센티미터에 이르는 다양한 크기의 혹이 만들어 진다(그림 2-35).

그림 2-32
지상부 장미 줄기에 생긴 혹

그림 2-33
땅가 부분의 두 줄기에 걸쳐서 생긴 혹

어리고 생육이 왕성한 혹은 옅은 녹색 내지 흰색에 가까우며 조직도 연하지만(그림 2-34), 시간이 지남에 따라 어둡고 짙은 색으로 변하며 목질화하여 단단해진다(그림 2-37).

시간이 더 지나면 식물체의 일반적인 생육활동 또는 다른 미생물의 작용에 의하여 혹의 겉껍질이 떨어져 나간다. 특히 혹이 식물체의 기부 또는 접목부에 생겼을 경우, 표면이 매끄러워 유합조직과 구분하기 힘든 경우도 있다.

이 병에 걸리면 지상부의 생육이 좋지 않으며 잎과 꽃의 수가 적어지고, 심한 경

그림 2-34(좌)
목질화하지 않은
어린 혹

그림 2-35(우)
다양한 크기의 혹

그림 2-36(좌)
장미의 땅가 부분에
생긴 혹

그림 2-37(우)
오래된 혹의 내부

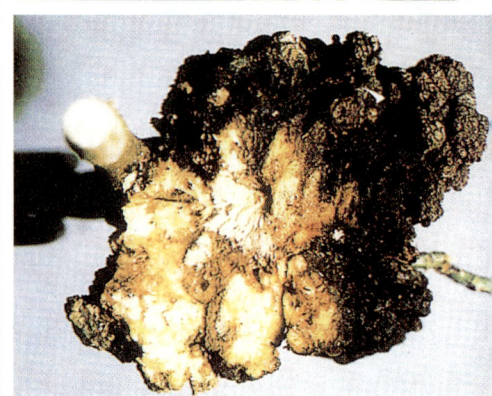

우 식물체가 말라죽는다. 그렇지만 생육이 나빠지는 원인은 뿌리혹병 이외에도 너무 많기 때문에 이 병에 의한 경제적 손실을 정확히 산정하는 것은 쉽지 않다.

실제로 어떤 경우에는 심하게 감염되었음에도 불구하고 별다른 피해가 없는 반면, 어떤 경우에는 혹이 몇 개 되지 않는데도 식물체를 완전히 버리는 경우도 있다. 줄기나 뿌리에 여러 개의 혹이 있는 것보다 기부에 한 개의 혹이 있는 것이 더 나쁜 영향을 미치는 것으로 알려져 있다. 즉, 식물체에 미치는 영향은 혹의 크기나 수가 아니고, 혹이 생기는 위치가 더 중요하다.

병원체

*Agrobacterium tumefaciens*라는 세균이 범인이다. 이 세균은 짧은 막대기꼴 (0.7~0.8㎛×2.5~3.0㎛)이며 1~4개의 편모를 가지고 있어서 스스로 움직일 수 있다. 그람음성이며 크기가 매우 작아 광학현미경으로도 뚜렷이 관찰하기 힘들다.

병 발생 생태

병원세균은 여름철에 가장 활발하게 활동한다. 상처를 통해서 식물체로 침입하는데, 자연적인 상처는 물론 전정, 접목, 해충, 농작업, 토양 동결 등에 의한 상처도 모두 침입통로가 된다. 곁뿌리가 나오면서 만들어지는 상처로도 침입할 수 있다.

식물의 상처부위에서 흘러나오는 페놀성분이 토양 속의 병원세균을 유인하며, 유인된 세균은 상처부위의 식물세포에 식물호르몬을 합성하는 자신의 플라스미드 유전자(DNA)를 전이시켜 핵 안의 염색체에 결합시키고, 결합된 세포들은 모두 혹세포로 변한다.

일단 혹세포로 바뀌면 세균 없이도 비정상적인 증식이 자동적으로 계속된다. 결과적으로 다소간 흐트러진 이상비대 또는 이상증식 조직의 덩어리인 혹이 만들어지는데 그 속도는 기주의 종류, 수세, 생장정도, 그리고 환경조건에 따라서 달라, 병원세균에 감염되고 1주 내지 몇 달 후에 혹이 눈에 드러난다.

가을에 감염되면 잠재감염으로 남아있어 이듬해 늦은 봄까지 별다른 증상을 보이지 않는다. 세균은 일반적으로 한창 만들어지고 있는 혹과 그 언저리의 세포들 사이에 많이 존재한다. 따라서 혹을 자르는 동안에 전정도구가 세균에 오염되고 그 도구에 의해 다른 부위 또는 식물체로 전염된다.

혹이 흙 속에서 분해되면 세균이 흙이나 토양수를 따라 다른 장소로 이동할 수 있다. 흙 속에 식물의 뿌리가 없으면 병원세균의 밀도가 점차 줄어들지만, 최소한 두 해 동안은 기주식물 없이도 흙 속에 살아 있을 수 있다.

🌹 방제법

뿌리혹병을 방제하기 위해 중요한 것은 다음과 같다.

첫째, 병에 걸리지 않은 식물체를 사용하는 것이다. 실생묘의 경우 뿌리나 줄기에 혹이 없는 묘를 사용하여야 하고, 삽수도 감염되지 않은 모본으로부터 얻어야 한다. 잠재 감염된 식물체는 내부에 병원세균이 존재하여도 겉으로는 건전해 보이므로 특히 주의하여야 한다.

둘째, 심거나 재배 중에 뿌리 또는 땅가 부분이 상처를 받지 않도록 한다.

셋째, 병원세균에 오염된 토양은 적당한 방법으로 멸균처리한 후 식물체를 심는다.

넷째, 감염된 식물체는 가능한 한 빨리 제거한다. 가능하다면 모든 혹과 감염된 뿌리가 제거되도록 감염된 식물 뿌리 주변의 흙까지 모두 제거한다.

다섯째, 전정도구들을 비누나 물로 깨끗이 씻고, 자주 소독한다. 도구는 알코올에 담갔다가 불꽃소독하든지, 0.5% 차아염소산 용액(락스 5~10배 액)에 몇 분 동안 담근 다음 끓인 물로 씻어서 소독한다.

여섯째, 땅을 덮을 수 있는 외떡잎식물로 장미재배 포장을 윤작한다.

길항세균인 *A. radiobacter* strain K84와 K1026을 이용한 뿌리혹병의 생물적 방제는 매우 효과적이며 오랜 역사를 가지고 있다. *A. radiobacter*는 병원세균인 *A. tumefaciens*와 매우 유사한 균이며, strain K84는 1972년 호주에서 복숭아 뿌리로부터 분리한 세균으로서, 아그로신 84(agrocine 84)를 포함한 세 가지 이상의 박테리오신을 생산하여 병원균을 억제한다. 또한 뿌리 등 식물체 감염부위를 병원균보다 먼저 차지하는 등 양분과 공간을 두고 경쟁하여 뿌리혹병 발생을 매우 효과적으로 막는 것으로 알려져 있다.

이 길항균을 처리하면 100%에 가까운 방제효과를 얻을 수 있다고 한다. 최근에는 K84의 문제점을 보완한 K1026 균주가 개발되었다. 외국의 경우 K84 균주와 K1026 균주는 각각 Galltrol™ (http://www.epa.gov/pesticides)과 Nogall™ (http://www.epa.gov/pesticides/biopesticides)이라는 미생물농약(그림 2-38)으로 상

품화되어 전세계 여러 국가에서 사용되고 있지만, 우리나라에서는 아직 정식으로 시판되지는 않고 있다.

길항균 K84와 K1026은 예방제일 뿐 치료제는 아니므로 뿌리혹병이 발생한 후에 처리하면 효과가 없다. 따라서 삽수나 묘목을 심기 전에 이들 길항균 현탁액에 담갔다 심어야 효과적이다. 한편 이들이 모든 뿌리혹병을 예방하지는 못한다. 예를 들어 포도나무의 혹병은 병원균이 달라 방제효과가 없다.

그림 2-38
외국에서 시판되고 있는 뿌리혹병 방제용 생물농약의 한 종류

사진자료 : Nogall, www.futureco.net

2,4-자이레놀과 메타크레솔(박티신) 유탁액을 혹에 직접 바르는 화학적 방제법도 혹을 제거하는 효과가 있다. 그러나 이 처리는 시간이 많이 소요되며, 때로는 처리 후에 혹이 다시 자라는 경우가 있다는 것이 단점이다.

접목묘의 경우 대목에 따라 뿌리혹병에 대한 저항성의 정도가 다르다. 멀티플로라, 마네티, 베이즈3 등은 잘 감염되는 반면, 아이오와주립대60-5, 브룩스48, 웰치, 클라크1957 등은 저항성이다. 그러나 병에 전혀 걸리지 않는 대목은 안 알려져 있다.

털뿌리병(hairy root)

1952년부터 1956년까지 미국 캘리포니아 남부지방에서 많은 피해를 일으킨 적이 있다. 그 이후로 감염률이 다시 감소하여 현재는 그리 중요하지 않은 병으로 남아있다. 장미, 무, 델피늄, 토마토, 펠라고늄, 배, 딸기, 잠두 등이 털뿌리병에 감염된다.

병징

땅속의 줄기나 뿌리, 특히 곁눈 제거 상처나 삽목 끝부분이 비대해진다. 비대부는 단단하기는 하지만 뿌리혹과 같이 목질화하지는 않는다. 나중에는 이곳으로부터 길이 2~25cm의 잔뿌리들이 무수히 자라나오는데(그림 2-39), 서늘하고 축축한 조건에서는 하얀 뿌리들이 자라나오므로 때로는 '빽빽한 뿌리(bristle root)' 병으로 부르기도 한다. 일반적으로 지상부에는 특징적 증상이 나타나지 않는다. 그러나 감염된 장미는 이듬해에 늦게 자라며 심하면 죽기도 한다. 감염되고 3~4년 뒤 치사율이 증가한다.

병원체 및 병 발생 생태

병원세균인 *A. rhizogenes*는 뿌리혹병균인 *A. tumefasiens*와 밀접한 관련이 있

그림 2-39
털뿌리병에 감염된 장미의 뿌리. 혹같이 부푼 곳에서 잔뿌리들이 많이 뻗어나온다.

기는 하지만 서로 다른 병원성 플라스미드를 가지고 있으며 증상 또한 완전히 다르다. 뿌리혹병균과는 달리 *A. rhizogenes*는 Ri(root inducing, 뿌리유도) 플라스미드를 가지고 있다.

이 병원균의 간단한 생물검정법은 감염된 장미 뿌리를 담근 물을 표면살균한 당근 뿌리조각에 접종해 보는 것이다. 감염된 당근 조각은 약 10일 뒤에 많은 뿌리들을 내기 시작한다.

기주식물의 털뿌리 증상은 기주 생육이 최고상태일 때 가장 심하게 나타나며, 토양온도가 26℃일 때보다 20℃일 때 더 심하게 나타난다.

 방제

토양소독, 식물 번식체의 오염 제거, 철저한 포장위생관리 등이 주요 방제법이다. 증기로 토양을 소독하는 것 역시 효과적이다. 삽수는 심기 전에 0.5% 차아염소산 용액(락스 5~10배 액)에 담가 소독한다. 이때 삽수가 피해를 받지 않도록 주의하여야 한다. 삽수는 소독용액에 담그기 전에 말라서는 안 된다. 또한 소독용액은 사용함에 따라서 농도가 묽어지고 pH도 빠르게 올라가므로 자주 검사를 하고 모자라는 차아염소산을 추가하여 일정 농도를 유지하여야 한다.

03 파이토플라스마에 의한 병

장미 로제트병

미국 캘리포니아 북동부의 야생장미에 자연적으로 발생하며, 인위적으로 접목을 통하여 재배종들로 옮겨지는 것이 확인되었다. 이 병은 찔레를 울타리로 많이 심는 캔자스, 네브래스카, 미주리 등 미국의 중부 여러 주에 예전부터 존재하던 것으로 알려져 있으며, 이 지역에서는 재배장미도 자주 감염된다(그림 2-40).

이 병에 걸린 찔레 '버어' 품종은 잎사귀가 말리고 주름이 생기며 밝은 붉은색이 돌고, 빗자루 증상과 꽃잎이 잎사귀로 변하는 증상을 보인다(그림 2-41). 병든 덩굴에는 가시가 많이 생기며 늦게 여문다. 병징이 퍼지면 마침내 덩굴 전체가 병에 걸리고 식물체가 죽는다.

병원체는 응애가 옮기는 것으로 의심되지만 아직 확실히 밝혀진 바 없다. 빗자루와 엽화(phyllody, 꽃잎이 잎으로 변하는 현상) 등의 증상이 나타나는 것을 고려할 때 파이토플라스마에 의한 감염일 가능성이 매우 높아 보이며, 실제로 폴란드

그림 2-40(좌)
장미(세븐시스터즈)에 나타난 로제트 증상
사진자료 : Kent B. Krugh, www.woodlandrosegarden.com

그림 2-41(아래)
찔레에 나타난 로제트 증상
사진자료 : Kent B. Krugh, www.woodlandrosegarden.com

의 장미원으로부터 채집한 장미 시료에서는 파이토플라스마가 검출되었다.

우리나라에서는 그 발생 자체가 아직까지 확인된 바 없다. 하지만 대추나무, 뽕나무, 오동나무 등 약 30여 종의 식물에서 파이토플라스마에 의한 병이 보고되어 있는 현실을 감안할 때, 장미에서도 파이토플라스마에 의한 병의 발생이 있을 것으로 생각하고 있다.

또한 뽕나무나 오동나무, 대추나무 등이 파이토플라스마에 의한 병 때문에 재배 자체가 위협을 받고 있는 등 파이토플라스마에 감염되면 대부분의 식물에 치명적인 피해가 나타나므로 장미에서도 이 병의 발생에 대한 경계를 게을리 하지 말아야 할 것이다.

2장 장미의 전염병

04 바이러스에 의한 병

바이러스에 의한 병은 일반적으로 식물체에 치명적이지는 않지만 식물체의 활력과 꽃의 품질, 수량 등을 심하게 떨어뜨린다.

한 연구에 따르면 바이러스에 감염된 유리온실의 장미원에서 장미꽃의 14%가 상품성을 잃었다고 한다. 외국의 경우 대부분의 주요 장미회사들은 대목이 지금까지 알려진 바이러스에 감염되지 않았다는 것을 확인하기 위하여 바이러스 검정에 많은 돈을 쓰고 있다.

지금까지 우리나라에서는 장미는 물론 장미와 매우 가까운 관계인 찔레나 해당화에 대해서도 바이러스병이 전혀 보고되지 않았다. 하지만 병 자체가 전혀 존재하지 않는다고 생각하는 전문가는 매우 드물며, 다만 바이러스 감염이 심한 경제적 피해를 일으킨 예가 없어서 현황 파악에 소홀했을 가능성이 더 크다.

만일의 경우에 대비하여 외국에서 보고되어 있는 주요 바이러스병 몇 가지를 간단히 소개한다.

장미 모자이크병

장미 모자이크병은 미국, 유럽, 뉴질랜드, 인도, 호주, 남아프리카, 남태평양 등 장미가 자라고 있는 곳이라면 세계의 어느 곳에서나 발견된다. 증상은 잎에 나타나는 옅은 줄무늬, 가락지무늬(그림 2-42), 얼룩무늬 등이다. 누런 그물무늬(그림 2-43)와 누런 모자이크 증상(그림 2-44)이 나타나는 경우도 있다.

감염된 장미는 전체적으로 꽃의 품질이 떨어지며, 건전 장미에 비하여 활력도 떨어지고 동해를 받기 쉽다. 미국에서 만든 품종들에서 특히 발병이 잦다. 마네티 장미는 저항성이지만 나비부인과 오펠리아, 랩쳐 등의 품종에서는 매우 심하게 나타난다. 병징의 정도는 품종과 시기에 따라 다르며 해마다 다르게 나타난다. 일반적으로 봄에 증상이 가장 심하다.

병의 원인은 장미 모자이크바이러스(rose mosaic virus : RMV)이다. 그 외에도 벚나무 괴저가락지무늬바이러스(prunus necrotic ringspot virus : PNRSV), 벚나무 가락지무늬바이러스(prunus ringspot virus : PRV), 사과 모자이크바이러스(apple mosaic virus : ApMV), 아라비스 모자이크바이러스(arabis mosaic virus : AMV) 등이 장미 모자이크와 관련된 것으로 확인, 또는 의심받고 있다.

병을 방제하기 위해서는 감염된 식물을 제거하고 감염되지 않은 식물체를 사용

그림 2-42(좌)
잎에 나타난 가락지무늬

그림 2-43(중)
잎맥이 누렇게 변한 그물무늬

그림 2-44(우)
누런 모자이크 증상이 나타난 장미

하여야 한다. 감염된 식물체를 38℃에 4주 동안 놓아두면 바이러스가 없는 눈을 얻을 수 있으며, 이를 증식 재료로 사용할 수 있다.

장미 둥근무늬병

미국 캘리포니아 주와 오리건 주의 재배장미에서 나타난다. 접목한 지 10일 정도 뒤에 잎을 따낸 자리에서 새로 나오는 신초에서 병징이 나타나며, 4주 뒤에는 새 잎이 위축되고 변형되며 쭈글쭈글해지고 얼룩진다(그림 2-45). '퀸앤' 품종에서는 잎에 뚜렷한 누런색의 커다란 얼룩무늬를 만들며, 꽃잎의 색소가 둥근 모양으로 파괴된다(그림 2-46).

병을 일으키는 바이러스는 아직까지 확실하게 밝혀지지 않았다. 병원체는 접수 등 증식체를 통하여 옮겨지며, 포장이나 온실장미들 사이의 자연적인 전염은 알려져 있지 않다. 병을 방제하기 위해서는 병든 식물들을 제거하여야 하며 건전한 대목과 접수를 사용하여야 한다. 또한 이 병원체는 열에 매우 약하므로 접목할 싹이나 가지를 38℃에 3~4주 보관하면 병이 없는 접수를 얻을 수 있다.

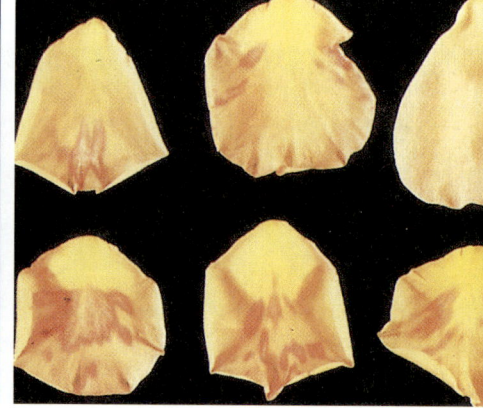

그림 2-45(좌) 감염되어 크기가 다양하며 얼룩지고 쭈글쭈글해진 잎들

그림 2-46(우) 꽃잎의 색소 파괴

장미 잎말림병

미국 전역에서 재래종 장미에 나타난다. 이 병의 증상은 봄에 처음 나타나며, 잎이 작아지고 잘 떨어지며, 잎의 윗면이 많이 자라고(상편생장, 그림 2-47), 줄기 끝이 괴저되며 잎이 말린다(그림 2-48).

또 잎맥에는 누런 점이 나타나고 병이 진전됨에 따라 괴저한다. 줄기는 가늘어지는 반면 기부는 넓어진다.

감염된 개체는 여름에는 회복하지만 가을이면 잎이 상편생장하거나 성숙한 줄기가 금가고, 속이 괴저되며 길이방향으로 코르크화되고, 물관에 홈이 파이는 등의 병징이 다시 나타난다.

이 병의 원인체는 아직 밝혀지지 않았으나, 포장에서의 전파속도는 매우 느리므로 감염된 식물체를 제거하고 폐기하면 병을 방제할 수 있다.

그림 2-47(아래)
잎 앞면이 많이 자라서 아래로 구부러지는 잎말림(오른쪽은 정상적인 잎)

그림 2-48(우)
잎말림과 가지마름

기타 바이러스성 이상

 딸기 잠재가락지무늬병(strawberry latent ringspot virus : SLRV)

여러 종류의 야생 및 재배 식물들에서 자연적으로 발생하는데, 영국의 장미 바이러스병 중 가장 심한 경제적 피해를 일으키는 것으로 평가된다. 잎에 가락지 모양의 작고 모난 누런 점들이 생기며, 잎과 줄기가 위축되는 것이 전형적인 증상이다.

잎은 가죽 같은 느낌을 주기도 하며 변형된다. 증상의 정도는 품종, 온도 등 환경요인, 다른 바이러스와의 혼합감염 여부, SLRV 각 분리주들 간의 병원성 차이 등에 의하여 다양하게 나타난다.

병징은 12℃에서 가장 심하게 나타나며, 23℃에서는 감염되어 있음에도 불구하고 병징이 사라진다. 방제법은 감염된 식물체 제거, 바이러스에 감염되지 않은 식물체 사용, SLRV를 매개하는 선충을 구제하기 위한 토양 소독 등이다.

 장미 꽃색이상병

영국, 뉴질랜드, 호주 등에서 발생한다. 병원체와 경제적 중요성 등에 대해서는 거의 알려진 바가 없으나, 꽃의 품질이 매우 심하게 나빠지므로 위험성은 매우 큰 병이라 할 수 있다.

전형적인 증상은 꽃잎 가장자리가 변형되며, 꽃잎에 있는 잎맥의 색이 진해지는 것이다. 이 병은 눈, 꽃잎, 잎 조직의 접목에 의하여 전염된다. 감염된 식물체는 눈에 띄는 대로 제거하고 폐기하는 것이 가장 좋은 방제법이다.

 장미 줄무늬병

주로 미국 동부와 유럽에서 나타나며, 미국 서부(캘리포니아)에서도 가끔 나타난다. 장미 줄무늬바이러스(rose streak virus : RSV)가 병원체이며, 특징적인 증상

은 다 자란 잎에 갈색이 도는 녹색으로 가락지무늬와 잎맥의 둘레에 띠가 생기는 것이다. 감염된 잎은 빨리 떨어진다. 잎의 병징과 아울러 줄기, 때로는 열매에 가락지무늬가 나타나기도 한다. 포장에서 이 병이 번지는 것은 분명 병든 식물체를 가지고 번식시켰기 때문이다.

장미 시들음병

1931년 뉴질랜드와 호주에서 처음으로 발견된 이래 미국의 캘리포니아 주에서도 발생이 보고된 바 있다. 병원체도 아직 동정되지 않았다. 장미품종과 감염될 당시의 식물체 나이, 환경 등에 따라서 나타나는 병징이 다르다.

전형적인 병징은 잎 윗면이 많이 자라서 잎이 아래로 말리며, 잎맥이 뚜렷해지고, 잎이 다 자라기 전에 낙엽 지는 것이다. 또한 접목부위의 줄기가 약해진다. 잎이 녹색인 품종에서는 황화현상이 잘 나타나며, 붉은 계통에서는 색이 흐려진다.

완전히 활착된 식물체는 가지가 마르고 정단우세현상이 사라지는 등 일반적인 쇠락현상을 보인다. 봄에 줄기의 마디가 매우 짧아져 로제트현상이 나타나며, 잎은 작고 구부러진다. 병이 진행될수록 식물체 활력은 떨어지고 가지가 마르며 결국에는 죽는다.

시들음은 곰팡이인 *Verticillium albo-atrum*에 의한 병과 혼동되기도 하나, 버티실리움 시들음에서는 어린 가지 끝의 잎들이 시들며 아래쪽 줄기들은 누레진다는 것이 가장 근본적인 차이이다. 반면에 바이러스성 시들음 증상을 보이는 장미에서는 버티실리움을 발견할 수 없다.

이 병을 방제하려면 어떤 바이러스에도 감염되지 않은 것으로 확인된 식물체만을 대목으로 사용하여야 하며, 바이러스에 걸린 식물체는 눈에 띄는 즉시 뽑아서 태워야 한다.

05 선충에 의한 병

식물기생선충

거의 전세계적으로 분포하며 장미에 피해를 준다. 여러 선충들이 매우 넓은 기주범위를 가지고 있어서 거의 모든 재배작물들을 가해할 수 있는 것으로 알려져 있다. 더욱이 식물기생선충은 장미 증식체의 교역에 따라서 전세계로 쉽게 퍼지고 있다. 그 중에서도 뿌리혹선충과 뿌리썩이선충은 내부기생성이기 때문에 장미 대목을 따라 여러 곳으로 퍼질 수 있어서 특히 문제가 된다.

선충의 침입에 대한 감수성은 대목의 종류에 따라서 다양하며, 감염된 장미에 나타나는 생육 부진, 황화, 개화 부진 등의 증상은 뿌리의 기능을 방해하는 다른 요인들에 의해서도 흔히 나타난다.

우리나라에서도 자바니카뿌리혹선충(*Meloidogyne javanica*) 등 9종이 장미를 가해하는 것으로 보고되어 있는데, 이들이 실제로 장미에 기생하는지, 그리고 피해를 주는지에 대해서는 논란이 있는 실정이므로 앞으로 좀더 정밀한 연구가 필

요하다.

대목을 선택할 때 선충의 감염에 대한 저항성만을 볼 수는 없으며 개화 장미종과의 화합성, 개화 지속기에 대한 영향, 버티실리움에 대한 저항성, 제한된 양의 토양에 대하여 견디는 힘 등도 함께 고려하여야 한다.

 병징

지상부의 활력이 떨어지고, 잎과 줄기가 작아지며(그림 2-49), 누렇게 변색, 시들음, 낙엽, 꽃자루의 길이와 꽃 크기 저하 등이 나타난다. 전체적으로는 뿌리부패균에 대한 저항성이 줄어드는 등 선충에 감염된 장미는 일반적인 쇠락의 증상을 보인다.

또한 꽃의 수도 적어지고 품질도 떨어지기 때문에 대개 감염된 장미를 뽑아내고 그 자리에 새로 심는 것이 일반적인데, 새로 심은 장미에도 1~2년이 지나면 비슷한 증상이 나타난다. 뿌리에도 선충의 종류와 수에 따라서 몇 가지 다른 증상이 나타기도 한다.

그림 2-49
선충에 감염되어 제대로 자라지 못하는 장미(우)와 건전한 장미(좌)

따라서 눈에 드러난 증상의 원인이 선충이라고 진단하기 위해서는 뿌리 또는 그 둘레 흙에서 선충을 분리할 수 있어야 하며, 실험실 내에서 동정할 수 있어야 한다. 병징은 선충의 종류에 따라서 특징이 있으며, 그 내용을 표 2-4에 정리하였다.

이러한 증상들이 선충에 의해서만 생기는 것은 아니다. 더욱이 *Xiphinema*와 *Meloidogyne*는 둘 다 장미의 뿌리에 혹을 만든다. 따라서 이 증상만 가지고 본다면 *X. diversicaudatum*을 *M. hapla*로 오진할 위험성이 크다.

병원체

장미에서 발견된 선충들은 *Macroposthonia(Criconemoides)*(고리선충), *Xiphinema*(창선충), *Paratylenchus*(침선충), *Pratylenchus*(상흔선충), *Helicotylenchus*(나선선충), *Hemicycliophora*(다발선충), *Belonolaimus*(자선충), *Trichodorus*(굵은뿌리선충), *Meloidogyne*(뿌리혹선충), *Ditylenchus*(줄기구근선충), *Aphelenchoides*(잎줄기선충) 등이다. 이 중에서 *X. diversicaudatum, Meloidogyne hapla, Helicotylenchus nannus, Pratylenchus penetrans* 등이 가장 흔히 발견된다〈표 2-4〉.

선충은 야생은 물론 온실 내의 장미 뿌리에서도 발견되며, 휴면 중이거나 뽑아 놓은 뿌리에서도 발견된다. *M. hapla*는 뿌리에 침입하고 흡즙하여 피층과 유관속 유조직을 이상비대시켜 거대세포를 만들고, 뿌리 끝 정단조직의 활동을 저하시킨다(그림 2-50).

그림 2-50
멜로이도가이네가
장미 뿌리에 만든
작은 혹들

반면에 *X. diversicaudatum*에 의한 혹은 피층세포의 이상비대에 의한 것이다. 흡즙한 자리의 세포는 크기가 정상세포의 2~3배에 이른다. 감염된 뿌리의 정단세포 활동은 저하되며 뿌리 끝까지 유관속이 분화한다.

방제

선충 방제법으로는 묘포장 토양 훈증, 온실토양 훈증 및 증기소독, 감염된 식물체의 다른 장소로 이동금지, 그리고 살선충제 처리 등이 있다.

흙을 돋운 곳이나 방수시설이 되어있는 모판에서는 선충의 배제가 비교적 쉬운

선충 속명	선충 일반명	증 상
Xiphinema	칼(dagger)선충	뿌리 끝이나 잔뿌리의 혹, 뿌리 끝의 부풀음 또는 구부러짐(끝말림).
Meloidogyne	뿌리혹(root-knot)선충	작은 뿌리의 혹, *M. hapla*에 감염되면 잔뿌리가 많이 남.
Pratylenchus	썩이(lesion)선충	뿌리에 상흔이 생기며 괴저함.
Macroposthonia	고리(ring)선충	뿌리에 상흔이 생기며 괴저함.
Rotylenchus	나선형(spiral)선충	뿌리 표면의 일반적 갈변 및 변색
Helicotylenchus	나선형(spiral)선충	뿌리 표면의 일반적 갈변 및 변색
Tylenchorhynchus	위축(stunt)선충	뿌리 끝의 손상

표 2-4
장미에 기생하는 선충과 장미에 나타나는 증상

※ 위의 선충 중 *Xiphinema* spp.는 국내에서는 보고되어 있지 않다.

편이나, 개방되어 있는 포장에서는 식물의 뿌리가 땅 깊숙이 들어가며 선충도 뿌리를 따라 들어가므로 방제가 쉽지 않다.

식물조직을 뜨거운 물에 담그면 선충을 효과적으로 방제할 수 있으나 때로는 장미 뿌리가 손상되기도 한다. 그러나 장미를 38℃에 24시간 동안 보관하여 열에 대하여 적응을 시킨다면 고온 장애를 줄일 수 있으므로 열 적응을 시킨 다음에 장미 뿌리만 48℃에 35분간 처리하면 선충을 배제할 수 있다.

대부분의 장미 대목들은 *Pratylenchus penetrans*와 *P. vulnus*에 쉽게 감염되며, '메이저' 품종과 '60~5' 품종은 감수성이 매우 크다. 한편 *M. hapla*는 '메이저' 품종에서는 잘 증식하였으나, '마네티' 품종은 저항성을 보이는 까닭에 거기서는 잘 증식하지 못하였다. 멀티플로라 장미는 다른 품종에 비해서는 *P. vulnus*에 다소간 저항성을 보였다.

3장

전염되지 않는 장미병

장미를 재배하다 보면 곰팡이, 세균, 바이러스 등의 병원균에 의해서만 해를 당하는 게 아니다. 영양분의 부족이나 과다로 인해 장애가 일어날 수 있고, 오염물질이나 농약 독성 및 기타 화학성분에 의해 피해를 입을 수도 있다. 또 염류농도나 환경 불균형 때문에 이상 현상이 일어나기도 한다.

01 생리적 장애

불개화 현상(blindness)

　온실장미에 있어서 꽃눈 형성은 특수한 저온 처리나 꽃눈을 유도하는 낮의 길이 등의 외부 환경요인에 관계없이 자동적으로, 그리고 자기 스스로 꽃눈 분화가 유도된다. 장미의 절화 수확 후 14~16일 이내에 왕성하게 생장하는 생장점 조직으로부터 꽃눈 형성이 시작되는데, 절화 후 적어도 5매엽 2장 정도가 부착된 줄기 기부 조직의 액아에서 발생하는 신초에 새로운 꽃눈이 형성된다. 이 시기에 액아로부터 새로 자라나오는 신초는 약 5cm 정도 생장한 상태이다. 정상적으로 생장하는 개개의 발육지는 꽃봉오리를 맺는다.

　그러나 품종이나 환경조건에 따라서 분화된 꽃눈(화아)이 꽃봉오리로 발달하지 못하거나, 꽃봉오리가 만들어지다가 도중에 퇴화하거나, 탈락 혹은 쇠약해지는 경우를 관찰할 수 있다. 이러한 가지들을 '블라인드' 또는 '불개화 신초(blind shoots)' 라고 부른다. 불개화 신초는 개화지에 비해 매우 가늘고 짧으며, 엽수가 적

고 생장이 느리며, 장기간 생장하지 못하고 휴지상태로 존재하는 것이 특징이다.

개화지에 달려있는 잎들은 불개화지의 잎보다 엽록소 및 안토시아닌 색소의 함량이 높다. 특정가지의 정단부 아래쪽에 위치한 액아로부터 자라나오는 신초는 정단부에서 생장하는 신초보다 불개화가 될 확률이 훨씬 높다.

불개화 현상의 많고 적음은 품종특성이지만 어떤 품종이든지 저광도와 저온 하에서 재배했을 때 더 많이 나타난다. 즉, 겨울에 재배하거나 위도가 높은 지역에서 재배하면 불개화 현상이 더 많이 나타난다.

실제로 12℃에서는 불개화 발생률이 높은 품종이라도 18~24℃에서 재배하면 거의 모든 신초가 개화지로 발달한다. 수세와 영양상태도 불개화 현상의 주요 원인인데, 저광도나 저온조건에서는 어린 가지에 필요 이상의 에틸렌이 생산되어 불개화 정도가 증가하고, 전체 물질대사 활성과 발생된 에틸렌 농도 사이의 균형이 깨진다.

이러한 불균형 현상은 식물체 내의 주요 물질대사 과정과 밀접한 관련이 있으며, 이 과정에서 결정적인 역할을 하는 것이 동화산물의 제한된 공급과 대사물질들 간의 경쟁관계인 것으로 여겨진다. 이러한 경쟁은 일반적으로 액아생장을 억제하고 정아생장을 촉진하는 정아우세현상에 큰 영향을 미친다.

한편 지베렐린은 영양공급을 지속적으로 유지하고 발달에 필요한 대사물질의 저장장소로 알려진 눈의 분화를 촉진함으로써 꽃눈 형성을 유도하는 데 도움이 되는 것으로 알려져 있다. 따라서 꽃눈이 만들어질 무렵에 지베렐린을 살포하면 불개화 신초의 발생을 줄일 수 있다.

하지만 지베렐린을 살포하면 꽃목부분이 웃자라 전체적인 균형을 잃게 되고 결국 절화로서의 상품성이 떨어지기 쉬우므로 이 방법은 널리 사용되지는 않는다. 따라서 환경조건을 조절하여 불개화 신초의 발생을 줄이는 것이 가장 좋은 방법이므로, 겨울에 재배할 때는 빛이 부족해지지 않도록 특별히 유의하며 야간 최저 온도는 14℃ 이하로 내려가지 않도록 해야 한다. 또한 수세와도 밀접한 관련이 있으므로 환경 불량이나 병충해로 인한 낙엽현상이 없도록 해야 한다.

꽃 뒤틀림 현상(bullheads)

불해딩(bullheading)이라고 불리는 기형화 현상은 바카라나 탤리스만 같은 품종이나 1930~1950년대 유행했던 콜럼비아 계통 장미에서 흔히 나타난다.

꽃 뒤틀림 현상이란 ① 꽃봉오리의 길이가 직경에 비해 짧아 꽃봉오리 자체가 편평하게 보이고, ② 꽃눈의 크기와 무게가 증가하고, ③ 꽃잎이 짧아지고 화판의 수는 증가하고, ④ 꽃의 기부 근처 심피부분에서 또 하나의 꽃봉오리(2차 소화)가 형성되는 특징을 가지고 있다.

꽃 뒤틀림 현상은 불개화 현상과 마찬가지로 꽃눈 발달 초기온도가 12~15℃로 내려갈 때 발생빈도가 높으며, 꽃봉오리 내부에 존재하는 생장조절물질들의 균형에 뚜렷한 변화가 있을 때 많이 나타난다. 저온은 지베렐린의 활성은 떨어뜨리고 사이토키닌의 활성을 증가시키기 때문에 꽃의 꿀샘부위 생장이 촉진되며, 꽃 뒤틀림 현상의 원인이 되는 작은 2차 꽃눈의 발달 또한 촉진된다.

이러한 꽃 뒤틀림 현상을 방지하기 위해서는 저온에서 재배되고 있는 장미의 꽃봉오리 지름이 1cm 정도 자라기 전에 화탁에 지베렐린을 주입하면 줄일 수 있다. 그리고 몇몇 품종에서는 재배온도를 18~24℃로 맞춤으로써 꽃 뒤틀림 현상을 방지할 수 있다.

목굽음 현상(bent neck)

절화장미에서 종종 관찰되는 목굽음 현상은 개화하는 꽃봉오리 바로 아랫부분의 화경이 꼿꼿이 서 있지 못하고 굽어버리는 일종의 조기 고사현상이다(그림 3-1). 즉, 화경이 꽃봉오리를 바로 지탱해 주지 못하여 하늘을 보고 있어야 할 꽃봉오리가 옆을 보고 있는 현상을 일컫는 것이다.

꽃봉오리의 목부분을 구성하고 있는 세포가 팽압을 정상으로 유지하지 못하여 팽압이 떨어지면, 목질화된 물관조직이나 그 위의 후각세포 조직이 기계적 지지

능력을 잃어버리기 때문에 목굽음 현상이 나타난다. 이러한 현상은 필연적으로 수분 불균형에 의해서 일어난다.

그림 3-1
장미의 목굽음

목굽음 현상은 절화장미에서 특히 자주 나타나는데, 절화의 절단면으로부터 흡수되는 수분의 양보다 잎이나 꽃잎으로부터 증산되는 수분의 양이 더 많아지면 꽃봉오리 아랫부분의 화경조직 세포의 팽압이 떨어지고 세포가 위축되며, 결국 목이 굽는 현상으로 나타난다.

목굽음 현상을 유발하는 원인을 보면 ① 장미를 공기 중에서 절단하여 절단면의 물관조직에 공기가 들어가고 그에 따라 수분흡수가 저해되거나, ② 직·간접적으로 절단면의 물관조직 내에 미생물이 흡착되어 물관조직을 폐쇄하거나, ③ 그 밖의 생리적 원인에 의해서 수분 흡수가 저해됨으로 인하여 발생한다.

목굽음 현상은 절화장미를 40℃ 정도의 물 속에 담가 줄기를 재절단하거나, 미생물 번식을 억제하는 화학약품 또는 농약이 첨가된 용액에 담가두거나, 또는 물관조직 내에서의 수분 이동을 촉진시키고 표면장력을 감소시키는 효과를 가진 전착제를 첨가한 용액에 절화를 담가둠으로써 방지할 수 있다.

3장 전염되지 않는 장미병

02 영양 결핍 및 과잉 증상

질소 결핍 및 과잉

질소(원소기호 N)는 다량원소 중에서도 식물체가 가장 많이 필요로 하는 원소로서 식물체에 공급하였을 때 그 효과도 빨리 나타나는 한편, 토양에서도 빨리 소비되고 빨리 씻겨나가는 영양원이다.

질소가 결핍된 식물체의 잎은 전반적으로 황록색을 나타낸다. 어린잎보다 다 자란 잎 또는 늙은 잎에서 피해증상이 더 빨리, 더 심하게 나타나며(그림 3-2) 심할 경우 완전히 누렇게 변하거나 낙엽 진다.

일반적으로 잎의 크기는 작아지고 절간의 길이와 줄기 굵기가 감소한다. 꽃의 색이 진한 품종에 있어서는 꽃의 색이 정상적인 식물체에서 개화한 꽃보다 밝지 않으며, 여러 가지 유형의 침침한 색조를 나타낸다.

한편 질소 성분이 지나쳐도 장미는 과잉장애를 받아 잎의 색깔이 진한 녹색을 띠며 생장이 위축된다. 만약 기온이 낮고 배수가 불량하게 되면 저농도에서도 독

그림 3-2(좌)
질소 결핍 증상.
잎의 색이 옅어진다.

그림 3-3(우)
인산 결핍 증상.
잎이 녹회색으로
되며 쭈그러든다.

성을 유발할 수 있는 질산태 및 암모니아태 질소가 축적되어 장해현상을 유발한다. 그리고 질산태 질소의 농도가 높고 토양습도가 매우 낮으면 염류집적농도(삼투 스트레스)가 높을 때 발생되는 증상과 유사한 잎의 가장자리가 괴사되는 현상이 발생한다.

인산 결핍 및 과잉

인(원소기호 P)은 질소 및 칼륨과 더불어 비료의 3요소 중의 하나로서, 식물이 많은 양을 필요로 하는 다량원소이다. 식물체에서 생식과 결실에 관여하고 있으므로 적절히 시용하였을 때 꽃눈 발달에 도움을 주어 고품질의 꽃과 열매를 얻을 수 있는 까닭에 식물을 재배하는 사람들이 많이 사용하고 있다.

따라서 뚜렷한 가시적 변화 없이 잎과 신초 생장이 전반적으로 억제되는 현상이 나타난다면 인 결핍을 의심해 볼 만하다. 결핍 후기에 늙은 잎에 나타나는 증상은 생기가 없어지고 녹회색으로 변하며(그림 3-3) 누렇게 변하기 전에 낙엽 진다.

또한 뿌리 발달이 줄어들어 절화 생산량이 감소하고 꽃눈 발달이 지연된다. 품종에 따라 잎 아랫면의 중맥이 옅은 자주색으로 변하기도 한다. 그리고 핑크색 품종에 있어서 꽃잎의 색깔은 진한 핑크색을 띤다.

경험이 부족한 사람들은 인산 결핍의 이러한 특징을 정상적인 장미의 생육특성

과 혼동하는 경우가 많은데, 대부분의 장미는 어린 가지의 끝부분에서 왕성하게 자라고 있는 잎들이 자주빛을 나타내기 때문이다. 이것은 지극히 정상적인 현상이며, 잎이 자라감에 따라 녹색계통으로 바뀌므로 인산 결핍과 혼동하지 않도록 주의해야 한다.

저온에서는 흡수가 불량한 인산의 특성은 인산질 비료의 사용을 증가시키는 원인이 되고 있는데, 인도 역시 지나치게 많으면 식물에 이상을 일으킨다. 현재 우리나라 대부분의 농경지에는 인산이 필요 이상으로 많으므로 인산질 비료의 추가 사용은 인산 과잉 증상을 초래할 위험성이 높다.

인산 과잉의 경우에 나타나는 증상은 잎사귀가 약간 작아지면서 두꺼워지고 오그라드는 것이다. 심한 경우 아래의 잎 가장자리가 괴저되어 낙엽하며, 뿌리가 갈색으로 변한다. 또한 인산이 함유된 비료를 과잉 시용하면 구리, 철, 아연 및 칼슘 흡수가 방해되어 이들 원소의 결핍 증상이 나타날 수도 있다.

칼륨 결핍 및 과잉

칼륨(원소기호 K)은 흔히 '가리' 혹은 '칼리'라고 불리는데 이것은 칼륨의 일본식 발음이기 때문에 사용하지 말아야 한다. 칼륨도 비료의 3요소 중 하나로서 식물체가 상당히 많은 양을 필요로 하는 원소다.

칼륨 결핍은 품종 또는 배지의 종류에 따라 매우 다양한 증상으로 나타난다. 그 중에서도 가장 뚜렷한 증상은 생장이 억제되고 화경이 정상에 비해 가늘고 길이가 짧으며 기형 꽃눈이 만들어지는 것이다. 잎의 선단부와 가장자리는 누런색 또는 갈색으로 변하며, 성숙한 잎이

그림 3-4
칼륨 결핍 증상.
잎 가장자리와
끝이 황변, 갈변
또는 말라죽는다.

나 식물체 아랫부분의 잎에서는 괴사현상이 나타난다(그림 3-4). 칼륨 결핍은 불개화지의 발생을 증가시킨다고 보고되었으나 둘 사이에 직접적인 관련성이 없다는 주장도 있다.

많은 비료가 칼륨을 함유하고 있는데 이들은 염류지수가 높아 고농도의 염류장애를 초래할 수 있는 삼투 스트레스를 일으키는 경우가 많다. 따라서 칼륨 독성은 염류집적장애로 인해서 나타나는 황화현상, 잎가괴사현상, 연약하고 도장한 가지를 시들게 하거나 뿌리의 발달을 저해하거나 고사시키는 것과 같은 증상을 유발한다.

칼슘 결핍 및 과잉

칼슘(원소기호 Ca)은 질소나 인산, 칼륨처럼 많이는 아니어도 다른 원소들보다는 상당히 많은 양을 필요로 하기 때문에 다량원소로 분류된다. 양액재배에 있어서 양액 내 칼슘 농도가 낮으면 뿌리가 매우 짧고 굵어지며, 유연성이 약하고 검게 변하여 쉽게 말라죽는다. 어린잎은 뒤틀리며 오래된 잎은 녹회색을 띠고 아래로 처진다. 증상이 진전되면 잎의 가장자리가 황갈색으로 변하고 퇴색된 반점이 서로 연결되어 큰 괴사조직으로 발전한다(그림 3-5).

장미에 대한 칼슘과 붕소의 적정 시비에 관한 실험결과를 보면 두 성분 모두 결핍되었을 때 장애증상이 발생하는데, 적정농도의 붕소 배지에 칼슘농도를 증가시키면 결핍증상이 없어지며, 적정농도의 칼슘 배지에 붕소농도를 증가시키면 꼭지눈(정아)의 퇴화가 중지된다. 그러나 일반적으로 사용하는 칼슘농도가 최대에 이를 때까지 어린잎의 뒤틀림 현상은 계속 나타난다. 따라서

그림 3-5
칼슘 결핍 증상.
잎이 녹회색으로 변하며 가장자리가 아래쪽으로 말린다.

칼슘 결핍 증상을 방지하기 위해서는 두 성분이 적절히 함유되어야 하며, 정상적으로 자라기 위해서는 두 성분 상호간에 적절한 균형을 이루고 있어야 한다.

반면에 칼슘을 진하게 사용하면 일차적으로 다른 필수 무기영양소의 흡수나 유효도에 부작용을 일으켜 장애가 나타난다. 예를 들면 석회 과용은 망간의 흡수를 저해하며 철 결핍으로 인하여 발생되는 황화현상의 원인이 된다. 따라서 잎이 약간 작아지며 오그라든다. 누렇게 되고 꼬이기도 한다. 다 자란 잎은 약간 잿빛이 돌며 가장자리가 처지기도 하고, 줄기가 짧아진다.

마그네슘 결핍 및 과잉

농민들에게는 '마그네슘(원소기호 Mg)'보다도 '고토'라는 이름이 훨씬 친숙할 것이지만 '가리'와 마찬가지로 '고토'도 일본식 이름이기 때문에 사용하지 말아야 한다. 따라서 앞으로는 '고토 결핍'이라기보다는 '마그네슘 결핍'으로 사용하기 바란다.

마그네슘 역시 식물의 다량원소 중 하나이다. 마그네슘 결핍 증상은 일차적으로 식물체 아랫부분의 성숙한 잎에서 나타난다. 오래된 잎의 황화현상은 잎맥 사이에서 시작되어 초기에는 작은 괴사반점이 만들어지는데, 시간이 지남에 따라 반점의 크기가 점점 커진다. 또한 괴사반점의 색도 시간이 지남에 따라 암갈색 내지 자주색으로 변하며, 발생면적 또한 잎 전체로 확대된다(그림 3-6). 칼륨과 칼슘의 농도가 낮을 때 마그네슘을 과잉 시비하면 장미에 장해현상이 나타날 수 있다. 전형적인 증상은 뿌리의 활력이 떨어지는 것인데, 이 증상은 지상부에서는 수세가 전반적으로 약해지는 현상으로 나타난다.

그림 3-6
마그네슘 결핍 증상.
잎맥 사이의 색이
옅어지면서
결국 말라죽는다.

황 결핍 및 과잉

장미를 토경재배하는 경우에 황(원소기호 S) 결핍이 문제가 되었다는 보고는 없으나, 양액재배 시에는 더러 발생한다. 일반적으로 황이 부족하면 어린잎의 잎맥 사이에서 약간의 황화현상이 발생하며 나중에는 새로 생장하는 잎 전체가 연한 황록색으로 변한다. 반면에 황 과잉 현상은 여간해서는 잘 나타나지 않는다.

하지만 황산염을 포함하고 있는 비료의 과용은 고농도의 염류집적으로 인하여 발생되는 전형적인 증상과 동일하게 나타난다. 또한 황의 농도가 높으면 몰리브덴의 흡수가 저하된다.

철 결핍 및 과잉

초기 증상은 어린잎부터 잘 나오는데, 잎의 주맥은 녹색으로 존재하면서 잎맥 간 황화현상이 나타난다(그림 3-7). 결핍 증상이 지속되면 새로 만들어진 잎은 자라지 못하여 매우 작은 상태로 존재하며 결국 잎이 연황색이나 흰색으로 변하고 만다. 철(원소기호 Fe) 결핍 증상은 대부분 토양 내에 철이 부족하기보다는 토양에 있는 철의 흡수 내지 유효도가 방해를 받기 때문에 발생하는 것이 대부분이다.

철 흡수를 억제하거나 유효도를 저하시키는 요인들은 토양 내 통기성 불량, 과습, 뿌리혹선충, 과도한 염류집적, 토양의 온도가 높거나 낮을 경우, 마그네슘, 아연 및 인산의 농도가 고농도일 경우 등이며 윗부분의 어린잎에서 주로 나타난다.

이러한 요소들을 제거하면 철 결핍 장애를 줄일 수 있다. 증상이 나타나면 유효형태(주로 킬레이트화합물의 형태로서, 착엽

그림 3-7
철 결핍 증상. 잎의 주맥만 녹색으로 남고 나머지는 흰색이나 누런색으로 변한다.

제 등)의 철을 엽면살포 내지 토양관주하면 일시적으로는 해결할 수 있으나 결핍을 초래하는 원인을 제거하지 않으면 곧 결핍 증상이 재발한다.

철 과잉 증상은 양액재배 시에 가끔 나타나며 주로 구리, 망간, 아연 결핍 증상을 유발할 수 있다. 즉, 이들 영양소와 철 사이의 상호 균형이 깨어져서 발생한다. 주요 증상은 새로운 잎의 그물모양 퇴록현상, 잎맥 사이가 누렇게 변하고 전체적으로 식물체의 크기가 작아지는 등 구리, 아연, 망간 등의 결핍 증상과 거의 같다.

구리 결핍 및 과잉

구리(원소기호 Cu) 결핍은 피트모스(peat moss)나 말, 소 등 동물의 분뇨를 배양토로 했을 경우 주로 발생한다. 결핍되면 어린잎의 끝부분이 황색으로 변하면서 (그림 3-8) 뒤틀리고 나중에 괴사한다. 줄기의 윗부분이 마르며 생장점이 죽으므로, 그 대신에 측지가 발달해 나오기는 하지만 측지의 생장도 불량하다. 또한 장미를 캐어보면 잔뿌리들이 검게 죽은 것을 볼 수 있다. 이러한 증상은 제초제나 휘발물질에 의해서 발생되는 피해증상과 혼동하기 쉽다.

구리 과잉 장애에 대해서는 잘 알려져 있지 않다. 그러나 과거 보르도액과 같이 구리가 함유된 살균제를 반복적으로 빈번하게 사용함에 따라 식물이 조기 낙엽하였고 낙엽의 빈도도 증가되었다. 과잉되면 잎맥 사이의 엽육조직이 누렇게 되며, 식물체는 일반적으로 제대로 자라지 못하고 위축된다. 뿌리에서는 굵은 뿌리가 두꺼워지고 곁뿌리가 드물어진다. 괴사하는 조직도 나타나고 결국 식물체가 죽는다.

그림 3-8
구리가 모자라서 잎 끝과 가장자리가 누레진 장미

구리 독성은 경우에 따라 철 결핍에 의해 누레진 것으로 잘못 판단되기도 하지만, 이미 구리에 의해서 식물 뿌리가 피해

를 입은 상태이므로 철을 처리한다고 하여도 누레지는 증상의 해소 등 완전한 반응을 보이지는 않는다. 구리 독성을 방제하는 가장 좋은 방법은 식물이 높은 농도의 구리에 접하지 못하게 하는 것이므로, 구리살균제를 연달아 사용하지 않는 것이 바람직하다. 하지만 만약에 구리가 대기오염물질이었다면 발생원을 조절하는 것 외에는 효과적인 방법이 없다. 구리를 근원적으로 차단한 뒤에는 치료를 위하여 규칙적인 관개와 고인산비료 등의 시비로 뿌리의 성장을 도와야 한다.

아연 결핍 및 과잉

토양에 석회농도가 높을 때 잘 나타나며, 사토나 용탈이 심한 토양 및 산도가 낮은 토양에서 많이 발생한다. 아연(원소기호 Zn) 결핍은 생장점이 말라 죽은 후 발달하는 측지의 생장이 매우 억제되는 현상(이러한 증상을 '작은 잎' 혹은 '로제트'라고 함)을 제외하고는 구리 결핍 증상과 매우 비슷하다(그림 3-9). 아연과 구리 결핍은 동시에 발생하는 경우가 많기 때문에 정확한 진단을 위해서는 잎 분석이 필요하다.

아연 과잉의 초기 증상은 잎이 연녹색으로 되며 작은 잎의 잎맥을 따라 투명화현상이 나타나고, 후기에는 잎이 누렇게 변하면서 갈변하는 것이다. 피해 받은 잎은 완전히 갈변한 다음 부정기적으로 낙엽 지는 현상이 나타난다.

그림 3-9
아연 결핍 증상. 잎이 누레지고 변형되며 결국 고사한다.

붕소 결핍 및 과잉

흰 꽃이 피는 장미품종에서 매우 흔하게 나타나는 현상이 붕소 결핍이다. 양액

재배 시 붕소가 모자라면 생장점이 괴사하고 측지가 발생하며, 대추나무빗자루병 같이 생장이 억제된 측지가 더부룩하게 발달한다. 토경재배 장미에서는 결핍 증상이 매우 다양하게 나타난다.

백색이나 황색 품종의 경우 꽃잎 가장자리가 뒤틀리고 갈색으로 변하며 시간이 경과함에 따라 꽃은 완전히 괴사한다. 꽃잎이 극히 짧고 두꺼우며 가장자리가 말리는 기형화 발생빈도도 높다. 이를 방지하고 정상적인 생장을 유도하기 위해서는 붕소와 칼슘의 균형이 필요하다. 즉, 칼슘농도가 높을 때 붕소농도도 필연적으로 높이지 않으면 붕소 결핍 증상이 발생한다.

붕소 과잉 증상은 망간이나 칼슘 결핍 증상과 비슷하여 혼동하기 쉽다. 적정 붕소농도보다 약간 농도가 높더라도 장미는 민감하게 반응하여 잎 가장자리에 갈변현상을 일으키며, 다 자란 잎에서는 괴사 현상이 일어난다(그림 3-10). 또한 작은 잎은 떨어진다. 물올림이 불량해지고, 절화의 수명이 짧아진다.

그림 3-10
붕소 과잉 증상.
잎의 가장자리가
갈변하며 괴사한다.

과잉증과 결핍증이 비슷한 증상을 보이는 경우가 많다. 붕소가 너무 많이 축적되면 새싹이 괴사하며 심한 경우에는 잎의 기부가 연녹색으로 변하기도 하고, 결국 죽어 떨어진다. 독성의 원인 즉, 붕소가 제거되지 않으면 나무 전체가 쇠약해지거나 죽는다. 붕소 독성은 토양 분석 및 잎 분석으로 대부분 정확하게 진단할 수 있다.

몰리브덴 결핍 및 과잉

몰리브덴 결핍은 강산성 토양에서 잘 나타나는데, 몰리브덴은 식물체에서 식물이 흡수한 질산태 질소를 환원하여 아미노산 및 단백질 합성에 기여한다. 따라서

몰리브덴이 부족하면 식물의 생장점 부분이 누렇게 되거나 큰 식물체라면 잎이 기형으로 변하는 증상이 잘 나타난다. 장미에서는 잎 가장자리나 끝부분이 괴사 또는 갈변하는 등 수분 결핍 증상과 유사하다. 잎의 일부에 보라색 반점이 나타나기도 한다.

몰리브덴은 양이 조금만 지나쳐도 과잉피해를 일으키므로 결핍 증상이 나온다고 하여 함부로 주기보다는 반드시 농업기술센터 등의 전문가에게 자문한 후에 처리하는 것이 바람직하다. 몰리브덴 과잉 현상은 여간해서는 잘 나타나지 않는다. 황의 농도가 높으면 몰리브덴의 흡수가 저하된다.

망간 결핍 및 과잉

롯데로제, 티네케 등에는 자주 나타나는 증상이므로 이들 품종에서는 특히 유의하여야 한다. 망간이 결핍되면 잎맥은 녹색으로 남아있어도 잎맥 사이 엽육조직이 누렇게 되며, 눈의 신장이 좋지 않고, 결과적으로 불개화 현상이 많이 나타난다. 품종에 따라서는 잎맥 사이에 갈색 반점이 나타나는 경우도 있다.

식물체가 망간을 과다하게 흡수하였을 때 나타나는 증상은 오래된 성숙한 잎의 잎맥 사이에 작고 검은 반점들이 나타나는 것이다(그림 3-11). 또한 정상적인 생장에 필요한 철과 망간의 균형이 깨어짐으로써 어린잎에는 철이 부족했을 때 전형적으로 나타나는 증상인 잎맥 사이의 황화현상이 나타난다.

그림 3-11
망간 과잉 증상. 잎의 잎맥 사이에 작고 검은 점들이 생긴다.

03 염류 농도에 의한 이상

　대부분의 장미재배 농가가 지하수를 관수용으로 사용하기 때문에 일부 농가에서는 염류 농도가 높은 물을 관수용으로 이용하기도 하며, 또 지속적인 생산을 위하여 용해성 특수비료를 액비형태로 시용하는 경우가 많다. 이때 만약 관수용 물의 수질을 고려하지 않고 물에 비료를 용해시켜 시비한다면 염류 농도가 문제될 것은 두말할 필요가 없다(그림 3-12).

　미국 콜로라도대학의 연구결과를 보면, 관개수의 염류 농도가 $1cm^3$당 $1,600\mu mol$(마이크로몰)을 넘으면 수량이나 품질면에서 10~50%가 감소할 수 있다. 또한 여러 영양소의 이온농도가 생리적으로 균형을 이루지 못하면 $1cm^3$당 $1,300\mu mol$(마이크로몰)의 전기전도도에서도 수량 감소가 나타난다.

　염류 농도 장애를 일으키는 음이온 가운데 가장 일반적인 것은 탄화수소염(산성탄산염)으로 알려져 있다. 탄화수소염은 주로 관개수에 많이 포함되어 있고, 이런 물은 석회에 의해서 유도되는 잎의 황화현상을 유발한다.

　반면에 황산염은 용액 내 전체 염류 농도를 증가시키는 것 외에 다른 독성 효과

를 가지고 있지는 않은 것으로 보인다. 염소는 효과면에서는 탄화수소염과 황산염의 중간 정도로 간주된다.

또한 칼륨과 칼슘의 농도가 생리적 균형을 유지할 수 있도록 충분히 높지 않는 상태에서 마그네슘의 농도가 높으면 잎에 심한 황화현상이 나타나기 때문에 상품화율이 눈에 띄게 줄어든다.

그림 3-12
열 또는 염류장애 증상. 잎 가장자리가 타는 듯 말라죽는다.

04 환경 불균형에 의한 이상

꽃색 이상

장미를 재배하다가 어떤 특수한 조건이 만들어지면 선명하고 깨끗한 붉은색 대신 보기 싫고 호감 가지 않는 색의 꽃이 피는 경우가 있다. 이러한 현상을 '청변현상'이라고 하는데 원인이 매우 다양하며 발생 양상 또한 여러 가지다.

시들어가는 꽃잎에 청변이 나타날 때는 꽃잎 조직의 pH가 높아지고 능금산의 농도가 줄어들어, 안토시아닌이 플라보노이드나 기타 관련 화합물들과 결합하므로 다른 색깔이 나타난다.

어린 꽃잎의 청변현상은 늙은 꽃잎과는 다른 이유로 나타나는데, 주로 시아니딘과 페라고니딘의 농도가 감소하기 때문이다. 또한 반대로 전체 색소 함량에는 현저한 변화가 없이 시아니딘과 페라고닌의 비율이 증가해도 청변화현상이 나타난다고 한다.

장미 꽃눈이 자라고 크는 것은 대부분 개화지의 길이생장이 멈추고 난 뒤 짧은

시간 안에 이루어지며, 색소합성의 90%는 마지막 꽃눈 발달기 동안에 일어난다. 이 짧은 기간에 고온이나 저광도, 대기 중 이산화탄소 감소 등과 같은 환경 스트레스가 가해지면 색소형성이 줄어들어 꽃잎 청변화 발생 빈도를 높이는 원인으로 알려져 있다.

환경 스트레스들은 꽃눈이 동화산물을 이용하는 데에 영향을 미치므로 꽃눈이 만들어지는 동안 온도가 너무 올라가지 않고, 너무 어둡지 않으며, 대기 중에 이산화탄소가 충분하도록 유지하면 꽃잎 청변화를 억제할 수 있다. 또한 꽃눈의 화탁부분에 지베렐린을 주입하여도 청변화가 줄고 꽃잎이 붉어지는데, 이는 지베렐린이 잎에서 만든 동화산물을 꽃봉오리 쪽으로 축적하는 데 적극적으로 작용하기 때문이다.

한편 노지나 무가온 온실에서 바카라 장미를 재배하면 가끔 꽃잎의 흑변현상이 나타나는데, 같은 시기에 가온 온실에서 자라는 장미에는 나타나지 않는다. 흑변현상은 저온조건에서 꽃잎에 색소와 폴리페놀 산화물이 축적되어 나타난다. 따라서 꽃눈 형성기부터 실내 온도가 너무 떨어지지 않도록 조절하면 흑변현상을 막을 수 있다.

과습돌기

수분 부족과는 반대로 과습한 경우에는 잎과 연한 가지에 작은 사마귀 같은 돌기가 나타나는 경우가 있다. 이러한 돌기를 '과습돌기(edema, oedema)'라고 부르며, 그 원인은 과도한 수분이다. 과습돌기는 주로 잎의 아랫면이나 줄기에 잘 생기는데(그림 3-13), 이 돌기는 세포가 분열하고 신장하여 작은 덩어리를 이룬 것으로서 잎의 껍질을 뚫고 튀어나온다(그림 3-14).

처음에는 모래알보다도 작은 흰녹색의 돌기 또는 혹과 같아 보이지만 점점 자라서 사마귀처럼 커지기도 하며 여러 개가 융합되기도 한다. 이 돌기 중 외부에 노출되어 있는 껍데기 부분은 나중에는 녹슨 듯한 색을 보이며, 표면도 코르크화한

 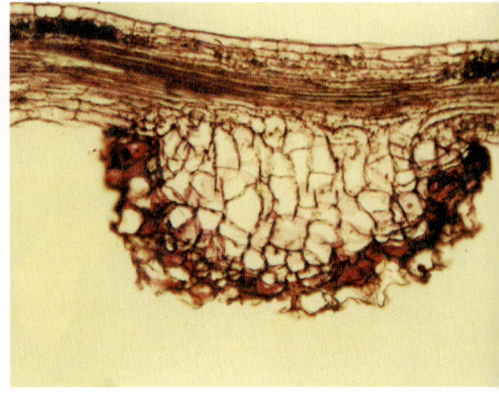

그림 3-13(좌)
과습한 환경조건에서 장미의 잎 뒷면에 나타난 과습돌기. 초기에는 잎 표면과 같은 색이지만 나중에는 표면이 코르크화하여 갈색으로 변한다.

그림 3-14(우)
과습돌기의 내부 구조. 잎의 갯솜조직 세포가 이상비대하였으며 표피가 코르크화했음을 알 수 있다.

다. 따라서 발생 초기에는 진딧물 같아 보이기도 하며, 표면이 코르크화한 뒤에는 깍지벌레로 오인되는 경우도 많고, 녹병으로 오인되기도 한다.

　표면에 잔털이 많은 잎의 경우에는 노균병과 혼동되기도 하는데, 이들은 모두 손으로 문지르면 없어지는데 반해 과습돌기인 경우에는 조직이 변화한 것이기 때문에 손으로 문지른다고 하여 없어지지 않는다.

　과습돌기는 과습에 의하여 나타나므로, 흐리고 습도가 높은 날씨에 다육질의 잎을 가진 동백나무 같은 식물에 특히 잘 나타난다. 따라서 옆의 식물로 전염되지는 않지만 미관상 좋지 않으며, 때로는 병으로 오인되어 상품가치를 완전히 잃어버리는 경우도 있다.

　이러한 과습돌기를 예방하려면 물을 주는 양을 줄이거나 토양에 마사토를 섞어 배수가 잘 되게 하는 등 과습을 피하고, 빛 조건을 개선하여 빛이 잘 들도록 하며, 바람이 잘 통하게 하여야 한다. 이미 과습돌기가 나타난 뒤라도 이러한 조치를 취하면 증상이 더 이상 번지는 것을 막을 수 있다.

　장미는 과습돌기가 거의 안 나타나는 것으로 알려져 있는데, 진천 장미단지의 유리온실 내에서 양액베드재배를 하는 '롯데' 품종에서 늦겨울에 과습돌기가 심하게 발생한 예가 있었다.

이 무렵에는 흐린 날이 많은데다 대기온도가 낮았기 때문에 보온 커튼을 일찍 치고 늦게 걷어 햇빛을 못 받는 시간이 길었다. 또한 온실 내부와 외부의 온도차 때문에 온실 내의 수증기가 응결하여 습도가 높아지는 경우가 많았기 때문에 과습돌기가 나오기에 적합한 조건이었다. 실제로 과습돌기는 수증기 응결이 많이 일어나는 온실 가장자리 쪽에서 많이 나타났다.

이러한 증상을 줄이거나 없애기 위해서는 온풍기 등을 가동하여 내부 습도를 낮추는 것이 가장 좋은 방법이다.

고온과 수분 부족

고온과 수분 스트레스, 혹은 염류 농도 증가는 장미에 거의 동일한 증상을 유발하며, 이들 세 가지 요인은 서로 연관되어 있는 경우가 많다. 토양 수분과 염류 농도는 수분흡수량에 영향을 미치며, 온도와 광도는 식물체로부터 증산작용에 의한 수분손실률에 영향을 미친다.

이에 따라 잎 조직 내 수분 수급이 균형을 이루지 못하면 잎가마름이 나타난다. 잎의 가장자리에 위치한 세포는 말라서 회복할 수 없는 피해를 받으며, 결국에는 말라죽는다.

반면에 염류 농도가 높아도 토양에 수분이 충분하거나 저광도 또는 저온이면 증산작용으로 인한 수분 손실이 작기 때문에 피해증상이 나타나지 않을 수도 있다. 그러나 온도와 광도가 높거나 또는 토양이 건조할 경우에는 잎이나 줄기의 가장자리가 괴사현상을 나타내는 심한 잎가마름 현상이 나타날 수 있다.

일조량이 적거나 밤 시간이 길어서 식물체가 연약해지고 조직이 다즙하여 환경에 대한 저항성이 떨어졌을 때도 이러한 잎가마름이 잘 나타나며, 또 구름 낀 날이 많고 온도가 낮은 상태로 유지되다가 쾌청한 날이 지속되고 장미의 생장에 적합한 온도가 지속되었을 때도 잎가마름의 발생빈도가 높아진다.

산소 결핍

장미를 재배할 때 물이 잘 빠지지 않는 배양토를 사용하면 토양공극이 적어지고 환기가 제대로 되지 않아 토양 내의 산소가 결핍되고, 그에 따라 잎에 장애 증상이 나타나기도 한다. 토양 환기가 불량하여 뿌리에 충분한 양의 산소가 공급되지 않으면 뿌리는 정상적으로 호흡 활동을 할 수가 없다.

이러한 경우 잎의 주맥의 색깔이 퇴색하며, 어린잎에서는 잎맥 사이의 엽육조직에 황화현상이 일어나고(그림 3-15), 좀더 큰 잎들은 점차 낙엽 지기 시작한다.

그림 3-15
산소 결핍 증상. 잎의 주맥이 누렇게 변하며 주맥 사이 잎조직은 색이 옅어진다.

# 05 오염물질에 의한 이상

불소

장미 14개 품종을 6개월 동안 1~3ppb의 불소로 처리한 결과, 품종에 따라서 잎맥 사이에 가벼운 황화현상이 나타나는 것부터 심한 괴사현상을 나타내는 것까지 아주 다양한 반응을 보였다. 참고로 1ppb는 10억분의 1 농도를 나타내는 것으로서, 1,000t에 1g이 들어있는 것과 같다.

또한 불소의 영향을 받은 장미는 정상적인 가지보다 매우 연약한 가지가 많이 발달하였으며, 전체적으로 정상 식물보다 왜소해졌다(그림 3-16). 건물중(乾物重: 마른무게 즉, 식물체에서 물을 제거한 후의 중량)도 정상 식물에 비하여 눈에 띄게 줄었다.

이뿐만 아니라 불소의 흡수정도와 잎에 나타나는 피해정도는 품종에 따라 상당한 차이가 있으나, 불행 중 다행으로 꽃에는 아무런 피해증상이 나타나지 않는 것으로 알려져 있다.

그림 3-16(좌)
불소에 의한 피해.
잔가지나 잎 가장자리가
마르며 식물체가 작아진다.

그림 3-17(우)
에틸렌에 의한 피해.
어린잎의 윗면이 많이 자라
잎이 아래로 말린다.

에틸렌

장미는 에틸렌에 매우 민감하게 반응한다. 전형적인 피해증상은 불소와 마찬가지로 잎에 나타나는데, 줄기에 부착된 어린잎들은 잎 앞면이 아랫면보다 더 빨리 자라는 상편생장을 하여 오그라지거나 정상적으로 펴지지를 않으며, 이미 다 자란 잎들에서는 잎맥을 따라 황화현상이 나타나고, 심할 경우 다 자란 잎이나 어린잎이나 결국에는 모두 떨어진다(그림 3-17).

정상에 비하여 줄기 신장도 늦다. 또한 장미의 정아우세현상을 타파하여 액아로부터 만들어지는 측지 수가 늘어난다. 만약 에틸렌을 500ppb 정도의 매우 높은 농도로 처리하면 가지 끝의 꽃눈이 퇴화한다.

수은

1950년대 중반 미국에서 수은 독성 때문에 시설재배 장미에 많은 손실이 있었

던 적이 있다. 직접적인 원인은 물론 수은 때문이었지만, 실제로는 초여름에 시설 구조물에 생기는 곰팡이를 방제하기 위하여 페인트에 수은이 함유된 살균제를 첨가하여 칠하였기 때문에 일어난 현상이었다.

수은계 살균제는 시설 내에서 분해되어 수은증기를 발생시켰다. 따라서 가온 초기 등 시설 내 환기가 불량할 때는 시설 내 공기 중의 수은증기 농도가 식물체에 피해를 줄 정도로 높아지고, 그에 따라 피해가 나온 것이었다.

이러한 수은증기의 피해를 방지하기 위해서는 물과 밀가루, 건조한 석회유황을 각각 100 : 10 : 5의 비율로 혼합하여 수은계 살균제 페인트를 칠한 위에 다시 이중으로 페인트칠을 하여야 한다.

수은에 민감한 장미품종의 피해증상은 꽃 색깔이 정상적인 적색 혹은 핑크색 대신에 청색에서부터 핑크, 흰색 혹은 갈색 등으로 변하는 꽃색의 퇴화이다. 어린 꽃봉오리는 개화하지 못하며 눈이 갈색으로 변하기도 한다. 장미를 수은에 연속적으로 노출시키면 생장이 지연되고 생산량이 감소한다.

그러나 수은계 농약들은 벌써 오래 전에 금지되어 현재는 유통되고 있지 않으므로, 최근에는 수은증기에 의한 피해가 나타나는 일이 극히 드물다. 하지만 특히 시설 내에 설치해 놓은 수은온도계 등 수은을 포함하고 있는 기구를 부주의로 인하여 파손하면 극히 부분적으로나마 수은 피해가 나타날 수도 있다.

페인트 휘발물

수은계 살균제를 함유한 페인트가 아니더라도 구조물 부식방지 페인트를 구성하고 있는 휘발성물질이 나와 장미에 심각한 피해를 유발할 수 있다. 페인트에 포함된 자일렌, 나프타 및 무기물질들이 식물조직의 괴사현상을 일으키고 장미 잎을 뒤틀리게 하며, 아래쪽 잎들을 낙엽지게 하는 원인이 된다. 꽃잎에 괴사성 반점이 생기고 조기 청변현상이 나타나는 등 피해증상이 꽃에서도 나타날 수 있다.

06 농약 독성에 의한 이상

제초제로서 트레플란 등의 이름으로 판매되는 트리프루라린을 온실장미 주변에 잘못 처리하면 어린잎의 발달을 지연시키고 미숙한 채로 남아있게 하여, 줄기에 달려있는 잎의 크기들이 매우 작아진다(그림 3-18).

이 제초제에 의한 피해증상은 구리 결핍 증상과 유사하다. 하지만 피해 받은 잎보다 위쪽이나 아래쪽에 있는 잎들은 영향을 받지 않으며, 피해 발생 후 만들어지는 꽃눈에도 영향을 미치지 않는다. 제초제 피해증상은 특히 생산용 온실에 트리프루라린을 처리하고 얼마 지나지 않아서 환기창을 닫고 가온을 시작하려는 가을 무렵에 많이 발생한다. 따라서 제초제는 환기가 양호하게 이루어질 수 있는 조건 하에서 처리하는 것이 바람직하다.

살균제와 살충제에 의해서도 약해가 나타나는데, 대표적인 약제가 사이헥사틴이다. 사이헥사틴은 여러 원예식물에서 응애를 방제하기 위하여 많이 사용하고 있다. 그런데 이 사이헥사틴은 식물에 대한 독성이 매우 강하여, 응애 방제에 효과적인 정상 농도 이하로 처리하였을 경우에도 대부분의 장미품종에서는 심한 약

그림 3-18(위)
트리프루라린 피해. 피해 직후에
생긴 잎들은 매우 작다.

그림 3-19(우)
노균병균 살균제 처리 잘못으로 인하여
장미 줄기에 나타난 괴저성 줄무늬(약해)

해가 일어난다. 특히 붉은색의 전개되는 잎이 성숙한 녹색 잎으로 전환되는 시기에 피해증상이 심하게 나타나는데, 피해정도는 품종에 따라서 약간의 차이가 있다. 또 일부 노균병균 살균제를 농도가 높게 처리하거나 조건이 맞지 않는 환경에서 처리하면 장미 줄기에 괴저성의 줄무늬가 생기기도 한다(그림 3-19).

　여기에서 설명한 약제들뿐만 아니라, 농업에 사용하는 모든 화합물들은 피해를 일으킬 수 있다. 심지어는 비료를 잘못 주었을 때도 피해가 나온다. 하지만 이들 화합물은 사용설명서에 있는 처리방법을 준수한다면 식물에 전혀 해가 없으며, 오히려 장미의 생육환경을 더 좋게 개선해 주는 것들이므로 무조건 사용을 자제하기보다는 지침에 따라서 사용하는 것이 중요하다.

3장 전염되지 않는 장미병

장미 해충에 의한 피해와 대책

일반적으로 해충 때문에 장미가 죽는 경우는 별로 없지만 부분적인 손상이나 부실한 개화, 또는 꽃의 아름다움이 손상되는 경우가 많다. 어떤 조건에서는 특정 해충이 대량 발생하기도 한다. 따라서 장미를 성공적으로 잘 가꾸기 위해서는 해충 발생을 정기적으로 조사하고 적절한 방제를 실시하는 것이 필수적이다.

# 01 장미 해충의 종류와 특징

해충 때문에 장미가 죽는 경우는 별로 없지만 개화가 부실해지거나 꽃과 잎의 미적 가치가 손상되는 경우가 많다. 따라서 장미를 잘 가꾸기 위해서는 정기적인 해충 발생조사에 의한 적기 방제를 실시하여야 한다.

현재 시설과 노지 장미에 피해를 주는 해충으로 점박이응애, 꽃노랑총채벌레 등 25종이 알려져 있다〈표 4-1〉. 하지만 실제로 문제가 될 수 있는 것은 10여 종 정도이며, 나머지는 대부분 잠재 해충들이다.

장미에서 발견된다고 하여 모두 해충인 것도 아니며, 해충이라도 항상 피해를 주는 것도 아니다. 방화곤충이나 익충도 많이 있다. 이런 곤충들까지 모두 방제하면 생태계 균형이 무너져 특정 해충이 대발생할 수도 있다. 따라서 정확한 종 구분은 해충 방제를 위한 최선의 방법인 동시에 천적 등 익충을 보호할 수 있는 지름길이기도 하다.

장미 해충은 응애류, 진딧물류, 메뚜기류, 깍지벌레류, 가루이류, 매미충류, 총채벌레류, 딱정벌레류, 가위벌류 등이며 각각의 대략적 특징을 알아보겠다.

표 4-1 장미에 피해를 주고 있는 해충의 종류와 발생

해충명	조사시기	조사장소	발생태	발생부위	발생정도
차응애	'00.12.22.-'01.3.25.	충북 진천	약, 성충	잎	3-21마리/잎
	'00.12.7.	제주 남제주	약, 성충	잎	0-2마리/잎
	'01.2.20.-'01.2.22.	경남 김해	약, 성충	잎	11-32마리/잎
점박이응애	'00.7.18.-'01.5.2.	충북 진천	약, 성충	잎	0-38마리/잎
	'00.10.21.	전남 강진	약, 성충	잎	2-15마리/잎
	'00.12.7.	제주 남제주	약, 성충	잎	5-12마리/잎
	'01.1.4.	전북 익산	약, 성충	잎	0-5마리/잎
	'01.5.11.-'01.5.13.	경기 고양	약, 성충	잎	2-12마리/잎
	'02.1.28.-'02.1.30.	경북 칠곡	약, 성충	잎	0-4마리/잎
	'01.2.20.-'01.2.22.	경남 김해	약, 성충	잎	15-42마리/잎
민달팽이	'01.5.2.	충북 진천	성충	잎	1마리/10주
섬서구메뚜기	'00.7.31.	충북 진천	성충	잎	0-1마리/10주
대만총채벌레	'00.8.18.-'01.5.2.	충북 진천	약, 성충	꽃	0-12마리/꽃
꽃노랑총채벌레	'00.8.18.-'01.5.2.	충북 진천	약, 성충	꽃	1-17마리/꽃
	'00.12.7.	제주 남제주	약, 성충	꽃	1-8마리/꽃
	'01.1.4.	전북 익산	약, 성충	꽃	1-12마리/꽃
	'01.2.20.-'01.2.22.	경남 김해	약, 성충	꽃	1마리/꽃
	'01.5.11.-'01.5.13.	경기 고양	약, 성충	꽃	1마리/꽃
	'00.10.21.	전남 강진	약, 성충	꽃	2.6마리/꽃
온실가루이	'00.8.18.-'01.5.2.	충북 진천	약, 성충	잎	0-3마리/잎
	'00.10.21.	전남 강진	모든 태	잎	10-20마리/잎
	'01.2.20.-'01.2.22.	경남 김해	모든 태	잎	1-10마리/잎
담배가루이	'00.7.18.-'02.12.31.	충북 진천	약, 성충	잎	20-100마리/잎
	'01.2.20.-'01.2.22.	경남 김해	약, 성충	잎	0마리/잎
	'01.1.4.	전북 익산	약, 성충	잎	0마리/잎
	'00.12.7.	제주 남제주	약, 성충	잎	0마리/잎
	'01.5.11.-'01.5.13.	경기 고양	약, 성충	잎	0마리/잎
	'02.1.28.-'02.1.30.	경북 칠곡	약, 성충	잎	0마리/잎
	'00.10.21.	전남 강진	약, 성충	잎	0마리/잎
귤가루깍지벌레	'01.1.4.	전북 익산	약, 성충	줄기	4마리/잎
	'03.4.22.-'03.6.30.	충북 진천	약, 성충	줄기	13마리/잎
톱무늬애매미충	'00.8.18.	충북 진천	약, 성충	잎	1-5마리/10잎

응애류

거미강에 속하는 아주 작은 벌레로서 다리가 4쌍이고 머리와 가슴이 하나의 마디로 되어 있어 몸은 크게 두 부분(두흉부와 복부)으로 나뉜다(그림 4-1). 몸 크기가 보통 1mm도 안 되기 때문에 일반적으로 돋보기로 볼 수 있으며, 종에 따라 색이 다양하다.

대부분 잎 뒷면에 알을 낳고 서식하며, 거미줄 같은 가는 실을 뽑아내어 잎 표면을 덮는다. 짧게는 5일, 길게는 20일 정도면 성충이 되기 때문에 덥고 건조한 날씨에 대량 발생한다.

그림 4-1
점박이응애

사진자료 : 박덕기, http://blog.naver.com/ipmkorea

식물의 즙을 빤 자리는 그 흔적이 노란 점으로 남는데, 심하면 잎이 갈색으로 변하고 결국 떨어진다. 점박이응애가 가장 유명하며, 전세계적으로 피해를 일으킨다.

진딧물류

매미목에 속하는 곤충으로, 상당히 많은 종류가 해충으로 알려져 있다. 크기는 보통 5mm 전후이나 종에 따라 차이가 있고, 더듬이와 다리는 비교적 긴 편이다. 날개는 있기도 하고 없기도 하다(그림 4-2).

종에 따라 색깔이 다양하여 검정, 초록, 노랑, 또는 붉은 종류도 볼 수 있다. 알을 낳기도 하고 때로는 약충(불완전변태를 하는 곤충의 어린 개체)을 낳기도 하며 7~8일 정도면 성충이 되기도 한다. 진딧물은 보통 때도 대량 발생하는 편인데, 특히 약간 선선할 때 번식속도가 더 빨라지기도 한다.

그림 4-2
찔레수염진딧물
A : 무시충
B : 유시충

사진자료 : 박덕기, http://blog.naver.com/ipmkorea

깍지벌레류

매미목에 속하는 곤충인데 움직임이 거의 없기 때문에 벌레가 아닌 것으로 오인되는 경우도 있다. 밀납(왁스) 같은 분비물을 내어 몸을 덮고 있어 곤충의 겉모양을 보기는 어렵다(그림 4-3).

알에서 깨어난 약충은 다른 곳으로 기어가 새로운 식물조직에 정착한다. 성충이 되면 입을 식물조직에 찔러 넣고 평생 이동하지 않는다.

흔히 암수의 껍데기(스케일) 모양이 다르기도 한데, 암컷은 껍데기의 안쪽에 알을 낳는다. 대량 발생하는 경우가 많으며, 일조량이 적고 습한 경우 번식이 더 빨라진다.

그림 4-3
줄기에 붙은 채 하얀 분비물을 뒤집어쓰고 있는 깍지벌레

가루이류

매미목에 속하며, 작고 부드러운 몸은 흰색을 띤다(그림 4-4A). 날개가 있어 나

르지만 몸이 작고 매우 천천히 날기 때문에 작고 하얀 재가 바람에 날리는 것처럼 보인다. 약충(그림 4-4B)은 깍지벌레 같아 보이며 잎 아래쪽에 붙어 있어 대량 발생하면 잎이 떨어지기도 한다. 감로를 분비하기 때문에 그을음병을 유발하기도 한다.

그림 4-4
담배가루이
A : 성충
B : 약충

사진자료 : (주)세실, www.sesilipm.co.kr

매미충류

매미목에 속하는 길이 약 1cm 전후의 곤충으로, 몸은 주로 녹색이나 노랑 또는 회색을 띠는 것도 있다. 몸에 특이한 무늬가 있는 종도 있다. 약충은 성충과 모양이 비슷하지만 색이 좀더 연하고 날개가 없다. 약충과 성충 모두 피해를 주는데, 종에 따라 연한 줄기나 잎자루, 잎의 뒷면을 가해한다.

그림 4-5
초록애매미충
A : 성충
B : 약충

사진자료 : 박덕기, http://blog.naver.com/ipmkorea

총채벌레류

총채벌레목에 속하는 곤충이다. 크기가 아주 작고 날개는 먼지떨이개(총채)처럼 가늘며 가장자리에 연모(술)가 둘러 있는 것이 특징이다. 몸은 부드럽고 색은 노란 계통 또는 검은 계통이며, 식물조직에 알을 낳는다.

진정한 번데기 과정은 거치지 않아 불완전변태류로 볼 수 있지만 약충이 번데기와 유사한 단계를 거치므로 완전변태류 곤충과도 가깝다고 할 수 있다. 대략 3주면 성충이 된다.

그림 4-6
꽃노랑총채벌레

보통 꽃가루를 먹지만 연한 식물조직도 가해하며, 잎의 표면을 줄로 쓸듯 갉아 생긴 상처로부터 식물의 즙을 빨아먹는다. 이 상처로 인해 변색, 생육장애, 꽃의 변형 등이 유발되기도 한다.

기타 해충

배추벌레처럼 생긴 유충(번데기를 만드는 곤충의 새끼, 애벌레)은 커서 대개 나비나 나방이 된다. 잎벌류의 애벌레 역시 배추벌레 모양이다. 장미의 경우 나방류와 잎벌류가 모두 가해하는데, 대부분 단독 또는 무리를 지어 잎을 갉아 먹는다. 나비목 해충 중에는 잎을 말아 입에서 뽑은 실로 고정시키고 그 안에 살며 잎을 갉아 먹는 종류도 있고, 여러 장의 잎을 포개서 집을 만드는 것도 있다.

가위벌류는 단독생활을 하는 벌로서 완전변태를 하며, 잎을 잘라 줄기나 가지의 구멍이나 오목한 곳에 집을 짓는다. 집은 여러 칸이며, 칸마다 알을 하나씩 낳고 꿀과 꽃가루를 모아 두어 알에서 깨어난 유충이 먹을 수 있도록 한다. 풍뎅이 같은 몇몇 종의 딱정벌레는 장미의 잎, 눈, 꽃 등을 씹어 피해를 준다.

그림 4-7
섬서구메뚜기

메뚜기류 중 일부는 장미의 잎, 눈, 꽃, 심지어는 줄기까지도 갉아서 가해한다. 성충이 되면 날개가 발달하는데(그림 4-7), 이때가 되면 특히 방제하기 힘들다.

그 밖에 개미, 굼벵이, 귀뚜라미, 톡토기 등이 장미에 피해를 줄 수 있다. 곤충은 아니지만 달팽이, 노래기 등도 장미에 피해를 줄 수 있는데 실제로 문제가 되는 경우는 거의 없다.

02 장미 해충의 진단과 방제

해충은 생태적으로 환경을 조절하거나 발생원을 물리적·기계적 방법으로 제거하여 효과적으로 방제할 수 있는데, 현재 가장 널리 사용하고 있는 것은 살충제 살포 등 화학적 방제이다.

최근에는 유용천적을 사용하여 해충을 방제하려는 환경친화적 생물적 방제가 많은 관심을 끌고 있다.

해충을 방제하려면 먼저 식물의 피해를 자세히 살펴야 한다. 피해부위에 곤충이 붙어 있는지, 변색된 부분이 있는지, 생장이 비정상적인지, 부풀거나 파인 부분이 있는지, 또는 잎이 떨어지는 현상이 있는지 등을 관찰하고 이러한 증세가 재배상 문제가 될지, 그리고 해충에 의한 피해인지를 확인하여야 한다.

가장 중요한 것은 역시 피해증상이 있는 곳에서 해충을 찾아내어 무엇인지 밝히는 것이다. 해충이 떠난 뒤에는 더 이상 방제의 의미가 없으므로 정기적인 조사가 필요하다. 하우스 천장에 황색 끈끈이트랩을 설치하여 거기 붙은 곤충들을 조사함으로써 진딧물 등 해충을 예찰할 수 있다.

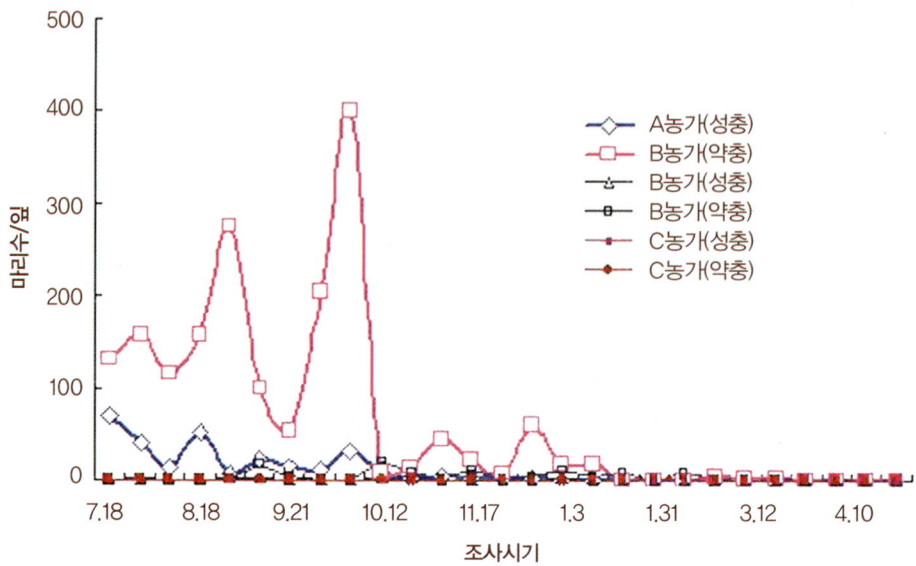

그림 4-8
담배가루이의
농가별 밀도 변동
(2000.7~2001.4)

위의 그래프는 장미 재배환경과 농가의 해충 관리에 따른 담배가루이의 밀도 차이를 보여준다(그림 4-8).

해충이 가해하는 방법은 크게 두 가지인데 각 방법에 따라 증상이 다르다.

첫째는 즙을 빨아 먹는 것으로, 진딧물, 깍지벌레, 가루이, 매미충 등이 있다. 피해 받은 꽃이나 잎에 변색된 점이 나타나거나, 일부 또는 전체가 뒤틀리고, 말리는 등 모양이 변하기도 한다.

둘째는 씹어 먹는 것으로, 배추벌레 같은 애벌레, 딱정벌레, 메뚜기, 일부 벌 등이 있다. 일반적인 증상은 잎이나 줄기의 구멍, 잎 또는 꽃 표면이나 가장자리의 변색 등이다. 줄기, 잎, 눈 등이 잘려나가거나 줄기 또는 식물체 전체가 뒤틀리기도 한다. 잎 가장자리가 반원형으로 잘려나가는 증상도 있다.

그 밖에 응애류는 곤충과 비슷해도 실제로 곤충은 아니지만 가해증상도 즙을 빨아 먹는 곤충 피해와 비슷하다. 총채벌레류는 즙을 빨아 먹기 때문에 꽃잎의 생장을 방해하고, 형태나 색에 변화를 초래하기도 한다.

해충이 장미를 가해하는 것을 유형별로 구분하면 다음과 같다.

첫째는 찔러 빠는 종류이다. 즙을 빨아 먹는 종류와 비슷하며 진딧물, 응애류 등이 있다.

둘째는 잎을 먹거나 떨어지게 하는 종류이다. 애벌레가 배추벌레모양이며 잎벌류, 딱정벌레류 등이 있다.

셋째는 잎에나 꽃의 눈부분을 가해하는 종류이다. 작은 파리류, 바구미류 등이 외국에서 보고되고 있다.

넷째는 충영(곤충의 섭식에 의해 식물조직이 부풀어 오른 것)을 형성하는 종류로서 일부 벌류가 있다.

다섯째는 줄기를 파먹는 종류로서 애벌레가 가해한다. 딱정벌레, 일부 잎벌 등이 있다.

진단이 끝나면 그 해충 방제용으로 등록된 약제들을 선정하는데, 특히 장미에 대하여 약해가 없는지를 반드시 확인하고 사용지침에 따라 살포농도, 처리시기 및 방법 등을 결정하며, 안전사용 수칙을 철저히 준수하여야 한다. 천적을 고려한다면 비교적 독성이 약한 선택적 살충제를 선택한다〈표 4-2〉.

구분	안전한 농약	해로운 농약
살비제	아크라마이트, 가네마이트, 토큐 카스케이드, 엔비도	올스타, 밀베노크, 피라니카, 보라매, 다니톨, 주움, 캡처
살충제	모스피란, 코니도, 아타라, 부메랑, 만장일치	에이팜, 히어로, 수프라사이드, 알파스린, 신기루
살균제	오티바, 해비치, 트리후민, 파아람, 굿타임, 시스텐	샤프롤, 만고탄, 리도밀엠지
농약보조제	전착제	카보, 실록세인

표 4-2
칠레이리응애 (포식성 천적)에 대한 화학농약의 독성

가루이류

 온실가루이(greenhouse whitefly, 학명 : *Trialeurodes vaporariorum*)

형태적 특징

전세계적으로 분포하는 중요 해충이다. 번데기는 약 0.8mm의 타원형이며, 몸 전체가 옅은 황백색 내지 황갈색으로 등면에 왁스 돌기가 있다(그림 4-9A).

4장 장미 해충에 의한 피해와 대책

그림 4-9
온실가루이
A : 번데기
B : 성충

알은 0.2~0.5mm로서 가루가 달린 장타원형이며, 초기에는 옅은 누런색을 띠나 점차 검은색으로 변한다.

성충은 1.5mm로서 2쌍의 흰색 날개를 가지고 있다(그림 4-9B).

기주범위와 피해

국내에서는 1977년 라벤더 시설재배지에서 처음 확인된 외래해충으로 기주범위가 넓어 27과 39종의 식물을 가해한다. 유입 후 전국으로 급속히 확산되어 현재 장미 등 각종 화훼작물은 물론 시설원예지에서 방제가 어려운 해충으로 알려져 있다.

주로 잎 뒷면에서 무리지어 흡즙하므로 심한 경우 잎이 변색되고 시들며, 말라죽기도 한다. 많은 양의 감로를 배설하여 거기에 흑갈색 곰팡이가 자라는 그을음병이 생긴다. 그을음이 심하면 생육이 나빠져 상품가치가 현저히 줄어든다.

발생 생태

온실에서는 연 10회 이상 발생하며, 연중 각 태를 볼 수 있다. 암컷 성충은 평균 30~40일 살며, 우화 2~3일 후부터 산란을 시작하여 마리당 100~200개를 산란한다. 20~25℃에서는 알기간이 6~8일, 약충기간이 8~9일, 번데기기간이 6일 정도이다.

방제법

장미에 등록된 방제약이 없으나, 담배가루이 방제약을 사용할 수 있다.

담배가루이(sweetpotato whitefly, 학명 : *Bemisia tabaci*)

형태적 특징

알(그림 4-10A), 유충(1~4령충), 번데기, 성충(그림 4-10B)으로 자란다. 성충은 온실가루이와 아주 비슷하지만 몸이 짙은 황색이다. 알은 산란 직후 흰색에서 갈색으로 변한다. 가루이는 번데기 단계에서 구분하는 것이 쉽다.

기주범위와 피해

1998년 충북 진천군의 장미재배단지에서 처음으로 발견되었다. 기주식물은 수박, 가지 등 온실가루이와 비슷하다. 유충과 성충이 잎을 흡즙하거나 감로를 분비하여 그을음병을 일으킨다(그림 4-11). 피해는 온실가루이와 비슷하지만 더 중요한 피해는 바이러스병을 옮기는 것이다. 담배가루이는 25종 이상의 바이러스를 매개하는데, 비교적 낮은 밀도로도 매개하므로 피해가 크다. 토마토 누른잎말림바이러스(tomato yellow leaf curl virus : TYLCV)가 가장 중요한데, 국내에서는 아직 발견되지 않았지만 일부 국가에서는 큰 문제가 되기도 했다.

발생 생태

열대나 아열대지역의 여름해충이다. 최적온도는 약 30~33℃이지만, 33℃ 이상에서는 발육속도가 급격히 떨어진다. 발육기간은 온실가루이와 비슷하다. 25℃에서 알기간은 5~8일, 유충기간은 10~11일, 번데기기간은 3일이고 성충수명은

그림 4-10
담배가루이
A : 알
B : 성충

그림 4-11
담배가루이의 배설물에 의한 장미의 그을음병

20~30일이다.

방제

식물체에 붙어 침입하는 경우가 많으므로 새 식물은 철저히 조사한 뒤 온실에 들여 놓는다. 각 태별로 약제에 대한 반응이 다르기 때문에 한두 번의 약제 살포로는 방제가 어려우며, 발생 초기에 중점적으로 약제를 살포해야 한다. 약액은 7~10일 간격으로 3회 정도 잎 뒷면까지 고루 살포한다. 성충 발생상황을 정기적으로 살펴서 약제 살포계획을 세운다.

방제약제로는 이미다클로프리드 액상수화제(코니도), 아세타미프리드 수화제(모스피란), 치아메톡삼 입상수화제(아타라), 피리프록시펜 유제(신기루) 등이 있다. 성충은 황색에 유인되므로 황색 끈끈이트랩을 설치한다. 천적(온실가루이좀벌 : *Encarsia formosa*)을 이용하는 생물적 방제도 시도되고 있다.

응애류

 점박이응애(twospotted spider mite, 학명 : *Tetranychus urticae*)

그림 4-12
점박이응애의 알 및 성충

형태적 특징

암컷 성충은 0.5mm이며, 수컷은 0.4mm 내외이다. 몸은 담황색 내지 황록색 바탕에 좌우 1쌍의 검은 무늬가 있다(그림 4-12). 이 무늬는 위 속의 내용물 때문이므로 먹이에 따라 변할 수 있다. 월동 성충은 모두 붉은 누런색이며, 휴면 중인 암컷은 검은 무늬가 없다. 알은 둥글고 옅은 황색이며, 알에서 부화한 약충은 옅은 색이다.

기주범위와 피해

장미를 비롯한 화훼류뿐만 아니라 과수, 채소, 잡초 등 수많은 식물을 가해한다. 피해부위에 흰색의 작은 반점이 남으며(그림 4-13), 피해가 심해지면 잎이 점차 갈색으로 변하고 일찍 떨어진다. 잎 뒷면이 흰가루 같은 탈피각으로 지저분해지며 살아 있는 응애가 움직이는 것을 볼 수 있다. 사과응애와는 달리 잎의 뒷면은 변색되어도 앞면에는 피해증상이 잘 나타나지 않으므로 주기적으로 정밀관찰을 하지 않으면 피해가 심해질 때까지 모르는 경우가 많다.

발생 생태

추운 지방에서는 한 해에 9회, 따뜻한 지방에서는 10~11회 정도 발생한다. 25℃에서는 10일 정도면 알에서 성충이 되므로 좋은 조건에서는 밀도가 급속히 증가한다. 수정한 채로 거친 나무껍질이나 잡초, 낙엽 등에서 월동한 암컷 성충이 4~5월에 주로 잡초에서 증식하며, 잡초가 말라죽으면 장미로 이동하여 8~9월에 최고밀도에 이른다. 11월까지 계속 가해하는데, 9월 하순부터 월동 성충이 나타나 줄기를 따라 나무껍질로 이동하거나 낙엽과 함께 땅에 떨어지며, 일부는 꽃받침 부위로

그림 4-13
장미 꽃봉오리(A) 및 잎(B), 꽃(C)에 나타난 점박이응애 피해
사진자료 A와 C : (주)세실, http://www.sesilipm.co.kr

이동한다. 저온이며 해가 짧을 때는 성충으로 무리 지어 휴면하며 월동한다.

방제법

점박이응애 전용 약제를 살포하여야 하는데, 약제에 대한 알, 약충, 성충의 반응이 각각 다르다〈표 4-3〉. 따라서 약제를 살포하여도 밀도가 회복되는 경우가 많다. 살포시기는 발생 초기이며 잎 뒷면을 포함한 나무 전체에 충분량을 살포하여야 한다.

한 약제를 계속 사용하면 약제 저항성이 증가되어 방제가 어려워지므로 계통이 다른 살비제를 번갈아가며 살포하여야 한다. 또 농약 살포횟수 증가에 따라 유용 천적인 각종 포식성 응애류가 전멸되므로, 천적을 보호하는 선택적 살충제를 사용하는 것이 바람직하다. 방제약으로 아바멕틴 유제(올스타), 비페나제이트 액상수화제(아크라마이트), 펜부탄 수화제(토큐) 등이 있다.

그 밖에 발생원을 극소화하기 위해 잡초나 아래 잎을 제거하여 잠복처를 없애는 방법도 있다. 특히 최근에는 포식성 천적인 칠레이리응애를 이용한 생물적 방제를 비롯하여 천적에 영향이 적은 아크라마이트 액상수화제와 천적을 함께 사용하는 방법도 시도되고 있다.

표 4-3
살비제 몇 종의
점박이응애 살충률

살비제	A농가		B농가	
	알	성충	알	성충
올스타 유제	9.7%	100%	3.8%	83.3%
비페나제이트 액상수화제	79.2%	100%	19.0%	100%
펜부탄 수화제	50.4%	83.3%	38.5%	46.0%

 차응애(tea red spider mite, 학명 : *Tetranychus kanzawai*)

형태적 특징

여름형 성충은 암컷 0.4mm, 수컷 0.3mm 정도이며, 전체가 적갈색이고 몸 옆쪽에 불규칙한 검은 무늬가 있다. 휴면 중인 암컷은 붉은색을 띠고 있다(그림 4-14).

기주범위와 피해

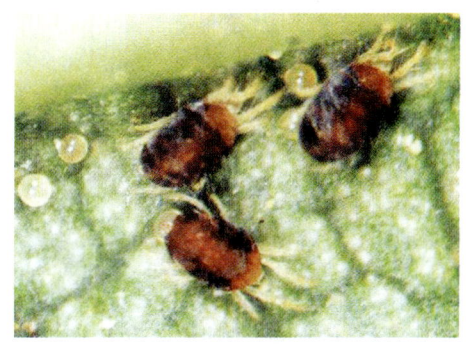

그림 4-14
차응애 알과 성충

간자와 응애라고도 하며 화훼, 관엽식물은 물론 채소류, 과수류, 약초의 주요 해충이다. 딸기 재배지 부근의 장미농장은 특히 주의하여야 한다. 피해증상은 잎 표면에 흰색의 긁힌 듯한 증상이 나타나며 잎이 생기가 없어지고 다갈색으로 되는 것이다. 심하면 전체가 오그라들고 결국에는 말라 죽는다. 야외에서는 7~8월에 많이 발생하고, 온실에서는 연중 발생한다.

발생 생태

야외에서 휴면상태의 암컷 성충으로 월동한다. 따뜻한 지역의 시설 내에서는 휴면 없이 세대를 경과하기도 한다. 한 해에 여러 번 발생하며, 월동 성충은 3월 상순 이후 몸이 적갈색이 되고 산란을 시작한다. 고온건조할 때는 1세대가 약 10일이며, 한창 발생할 때는 세대가 겹친다. 성충과 약충이 바람에 날려 전파된다.

방제법

주위의 잡초에도 기생하므로 포장 주위를 깨끗이 한다. 번식력이 강하여 피해가 급격히 진전되므로 발생이 확인되면 즉시 점박이응애 방제 약제를 1~2회 살포한다. 약제 저항성이 잘 나타나므로 계통이 다른 약제를 바꾸어가며 사용한다.

 사과응애(european red mite, 학명 : *Panonychus ulmi*)

형태적 특징

암컷은 0.3~0.4mm이며 타원형이다. 등면은 매우 융기되어 있고, 암적색에서 적갈색이다. 수컷은 0.3mm 정도이며, 녹갈색으로서 암컷보다 훨씬 작고 납작하며, 배 끝 쪽으로 갈수록 가늘어진다.

그림 4-15
사과응애와
장미 잎 피해

기주범위와 피해

장미는 물론 과수와 화훼류 등 기주범위가 넓고, 전세계에 분포하고 있다. 잎에서 즙액을 빨아 먹는데, 엽록소도 함께 흡수되므로 잎의 표면에 흰색 점이 생기며(그림 4-15) 심하면 변색하고 말라 일찍 떨어진다. 장미의 경우 잎뿐만 아니라 꽃노랑총채벌레와 마찬가지로 꽃봉오리도 가해하여 품질 저하의 직접적인 원인이 된다. 발생 밀도가 높아 떨어진 잎을 만져 보면 말라서 바삭바삭하다.

발생 생태

한 해 7~8회 발생하며 가지나 겨울눈의 기부에서 알로 월동한다. 제1세대는 기부 잎을 많이 가해하고 3주 후에 성충이 되며, 꽃이 질 무렵부터 잎 표면의 잎맥 근처 또는 우묵하게 함입된 부분에 여름 알을 낳는데 제3세대부터는 각 발육태가 혼재한다.

5월 하순~6월 중순에 새잎으로 분산하여 잎당 마릿수가 일시적으로 감소하나, 6월 하순 이후 여름철 증식기에 접어들면서 다시 급격히 증가한다. 이때는 천적 발생이 적은 시기이므로 방제하지 않으면 밀도가 계속 증가하여 성충이 잎당 50마리를 넘기도 한다. 피해가 심해서 조기 낙엽하면 산란시기도 빨라지는 경향이 있다.

알기간은 평균 7~10일이지만 기온과 밀접한 관계가 있어 24℃에서는 5일이면 부화한다. 약충기부터 약간 적색을 띠며, 자라면서 색이 짙어진다.

방제법

장미에 등록된 약제는 없으므로 점박이응애의 방제법에 준한다.

진딧물류

 찔레수염진딧물(rose aphid, 학명 : *Macrosiphum ibarae*)

형태적 특징

날개 없는 무시형은 대형으로 녹색을 띠며, 앞가슴과 가운데가슴은 녹색에서 붉은 누런색을 나타낸다. 배는 황록색에서 녹색이며, 가슴과 배의 앞쪽은 어두운 갈색을 띠는 경우가 많다(그림 4-16). 날개 있는 유시형은 머리와 가슴이 누런 붉은색이며, 배는 선명한 녹색이고, 무시형에 비해 크기가 비교적 작다.

기주범위와 피해

장미에서 가장 중요한 진딧물로서 장미, 찔레나무의 새순(그림 4-16)과 꽃봉오리(그림 4-17)에 기생하며 흡즙하여 생육을 저해한다.

발생 생태

장미에서 연중 생활하며 기주를 바꾸지 않는다. 추운 지역에서는 알로, 따뜻한 지역에서는 성충 또는 약충으로 월동하다가 잎이 나오면 증식을 시작한다. 노지에서는 4~5월에 발생이 가장 많고, 한여름에는 감소하였다가 가을철에 다시 밀도가 높아진다. 시설재배에서는 겨울에도 번식을 계속한다.

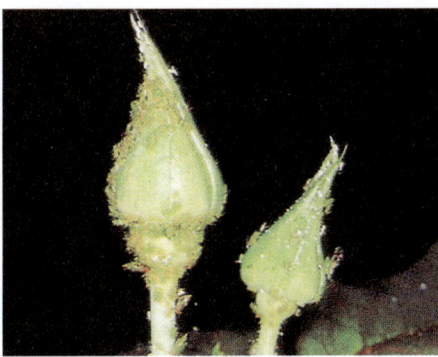

그림 4-16(좌)
찔레수염진딧물 성충과 장미 순의 피해

그림 4-17(우)
장미 꽃봉오리의 찔레수염진딧물 피해

방제법

델타린(데시스) 유제, 디디브이피(브이피) 훈연제, 비펜스린(타스타) 훈연제, 수화제 등 약 26종이 등록되어 있다. 한 가지 농약의 연용은 피하고 번갈아가며 처리하여 저항성 출현을 억제하여야 한다. 천적보호용 선택적 약제도 중요하다.

 ### 복숭아혹진딧물(green peach aphid, 학명 : *Myzus persicae*)

형태적 특징

무시형 암컷은 1.9~2.0mm이며 몸색은 변이가 많아 담황색, 황색, 황록색, 녹색, 적록색 계통이 있다. 일반적으로 무시충은 난형이고 녹색에서 적록색으로서 뿔관은 흑색이고 중앙부가 약간 팽대되어 있다(그림 4-18A). 유시형 암컷은 황색 내지 녹색으로, 가슴은 흑색이고 배 등면에 검정색의 큰 무늬가 있다(그림 4-18B). 배 등면의 각 마디에는 검은색 띠와 반문이 있고, 뿔관은 중앙부 뒤쪽이 팽대되어 있다. 알은 길이 0.7mm 정도이고, 검은색이며 긴 타원형이다.

기주범위와 피해

복숭아, 귤, 담배, 오이, 고추 등 수십 종을 가해한다. 일반적으로 복숭아나무의 월동란에서 부화한 약충이 어린잎에 몰려와 즙액을 빨아먹고 새싹도 가해하여 잎이 세로로 말린다. 5월경부터는 유시충이 생겨 십자화과 채소 등 여름기주로 날아간다. 화훼류에도 흔하며 새싹, 잎 뒷면 등에 몰려 산다.

그림 4-18
복숭아혹진딧물
A : 약충과 무시충
B : 유시충

많이 발생하면 잎이 펴지기도 전에 누렇게 되고, 잎 전체가 말라죽는다. 꽃봉오리와 꽃대도 흡즙하며, 피해 받은 꽃봉오리는 생장이 줄고 피기도 전에 시든다. 많은 바이러스를 매개하므로 진딧물에 의한 피해보다는 바이러스에 의한 2차적 피해가 더 치명적이다.

발생 생태

추운 지방에서는 월동기주인 복숭아나무와 장미에서 알로 월동하나 따뜻한 지방에서는 무시형 암컷으로 월동하는 개체가 많다. 월동한 무시형 암컷은 3월 중순경 단위생식으로 증식을 시작하며, 4~5월에는 약 1주일 만에 성충이 되므로 순식간에 밀도가 증가한다.

봄에 알에서 부화하여 몇 세대를 새싹에서 지내다가 5~6월경에 유시충이 생겨 채소 등 여름기주로 이동한다. 여름에는 고온으로 발생이 일시 감소하나 9월 상순에 다시 증식하여 많이 발생한다. 11월이 되면 감소하지만 따뜻한 지역이나 온실에서는 겨울에도 계속 약충이 생긴다. 연 30세대 이상 발생하며 복숭아 등 장미과 식물의 월동눈 기부에서 알로 월동한다.

방제법

포장 근처에 진딧물의 기주인 십자화과 작물을 재배하지 않으며, 정식 후에는 전용약제를 정기적으로 살포한다. 정식 전에 코니도입제를 주당 0.5~2.0g 정도 토양에 처리하거나 희석제 농약을 7일 간격으로 10a당 120~180ℓ 를 살포한다.

특히 4~5월에는 유시충이 많이 발생하므로 하우스에서는 창문과 환기구에 한랭사를 설치하거나, 시설재배 화훼류에 등록되어 있는 훈연제와 훈증제를 처리한다. 작용기작이 상이한 전용약제들을 번갈아 살포하여 약제 저항성의 출현을 피하며, 노지재배에서는 은색 비닐을 피복하여 날아오는 진딧물을 막도록 한다.

천적으로는 무당벌레류, 진디벌류, 풀잠자리류 및 진디혹파리류가 있으며, 이들을 주성분으로 한 생물적 방제용 제품이 시판되고 있다.

깍지벌레류

 장미흰깍지벌레(rose scale, 학명 : *Aulacaspis rosae*)

형태적 특징

암컷 성충의 깍지는 2~3mm 정도로, 등면이 융기된 타원형이며 흰색 내지 누런색을 띤다(그림 4-19A).

기주범위와 피해

노지의 오래된 장미 줄기에 발생이 많다. 그리고 성충은 움직이지 않으나 약충(그림 4-19B)은 다른 장소나 개체로 이동하여 주로 아래쪽의 오래된 가지나 줄기에 붙어 새로운 흡즙을 시작한다. 발생이 심하면 줄기 전체가 흰가루로 덮인 것 같아 보이며(그림 4-20) 피해 받은 줄기는 세력이 약해지고 심하면 말라죽는다.

발생 생태

연 2~3회 발생한다. 월동 암컷은 4월경부터 산란을 시작하며 제1세대 성충은 6~7월, 제2세대 성충은 8~10월에 발생한다. 따뜻한 지방이나 시설 내에서는 세대가 중첩되어 발생하고 발생량도 많다.

그림 4-19
장미흰깍지벌레
A : 암컷 성충
B : 약충

방제법

시설 내에 장미를 이식할 때 철저한 묘목관리로 발생원을 제거하는 것이 중요하다. 노지에서는 겨울이나 이른 봄철에 기계유제를 살포하며, 시설 내에서는 부프로페진·아미트라즈 유제(히어로)나 클로치아니딘 액상수화제(빅카드)를 살포한다. 발생 초기의 약제 살포가 중요하지만 발견이 쉽지 않으므로 일단 포장 내에서 발견하였을 경우에는 1주일 간격으로 1~2회 살포하여야 효과적이다.

그림 4-20
장미흰깍지벌레의 피해를 받은 장미 줄기

 뽕나무깍지벌레(white peach scale,
학명 : *Pseudaulacaspis pentagona*)

성충 암컷은 원형에 가까운 타원형이고 붉은 누런색이며, 수컷은 등적색이고 눈이 암갈색이다. 다리와 더듬이는 담황색이다. 암컷 깍지는 1.7~2.0mm 크기의 원형이고 백색에서 회백색이지만, 수피 사이에 많은 개체가 중첩하여 기생할 때에는 부정형인 경우가 많다. 흰색 알은 부화하여 수컷, 붉은 누런색 알은 암컷이 된다.

장미를 비롯하여 여러 수목류에 기생한다. 암컷 성충으로 월동하며 수컷은 교미 후에 곧 죽는다. 연 3회 정도 발생하지만 추운 지방에서는 발생횟수가 적다.

5월 상순에 산란, 5월 중순에 부화, 6월 중순에 번데기가 되어 6월 하순에 우화한다. 제2회 성충은 7월 상순에 알을 낳고 10월 상순에 성충이 된다. 부화 약충은 활발히 기어다니며 기주식물로 분산하지만, 제1차 탈피 후에는 고착생활을 하며, 점차 깍지를 형성한다.

뽕나무깍지벌레를 방제하려면 겨울이나 이른 봄철에 노지에는 기계유제를, 시설 내에는 부프로페진·아미트라즈 유제(히어로)나 클로치아니딘 액상수화제(빅카드)를 살포한다. 이동성이 적은 고착해충이고 집단적으로 발생하여 포식성 천

적이나 기생성 천적에 노출되면 당할 수밖에 없기 때문에 생물적 방제 성공사례가 많다. 천적은 흰깍지깡충좀벌, 사철깍지좀벌, 털깡충좀벌, 애홍점박이무당벌레, 홍점박이무당벌레, 깍지좀벌 등이다.

총채벌레류

 꽃노랑총채벌레(western flower thrips, 학명 : *Frankliniella occidentalis*)

형태적 특징

1993년 제주도와 김해 화훼단지에서 처음 발견된 후 전국적으로 확산되었다. 암컷 성충은 1.4~1.7mm로 밝은 황색 내지 짙은 갈색이다(그림 4-21). 더듬이 제1마디는 황색, 제2마디는 갈색, 3~4마디는 약간 밝은색이며 끝으로 갈수록 점점 어두운 갈색을 띤다. 수컷 성충은 1.0~1.15mm로 밝은 황색이다.

기주범위와 피해

기주범위는 시설채소류, 화훼류 등 넓다. 꽃봉오리를 가해하여 수량과 품질에 피해가 심하다. 연중 발생횟수가 많고 잎이나 꽃잎 속에서 저작구로 피해를 주기 때문에 화훼류는 특히 품질이 떨어진다(그림 4-22A, 그림 4-22B).

그림 4-21
꽃노랑총채벌레 성충

발생 생태

꽃, 어린 열매, 순 등 여린 조직 속에 산란한다. 부화 약충은 조직을 흡즙하며 성장하고 2령유충(노숙유충)기가 끝나면 지표면으로 떨어져 땅속에서 번데기를 거쳐 성충으로 우

그림 4-22
총채벌레 피해
A : 꽃봉오리의 증상
B : 꽃의 증상

화한다. 교미하지 않은 암컷이 낳은 알은 모두 수컷이고, 교미한 암컷이 낳은 알은 약 80%가 암컷이다. 25℃에서 알기간 6일, 유충기간 4일, 번데기기간 4일로, 약 14일이면 성충이 되고 성충수명은 13일이다. 암컷 한 마리당 산란수는 60개이다.

방제법

성충이 날아들지 않도록 주의하고, 꽃봉오리가 커지는 시기부터 스피노사드 액상수화제(심포니), 아바멕틴 유제(올스타), 에마멕틴벤조에이트 유제(에이팜), 치아메톡삼 입상수화제(아타라)를 추천 농도로 살포한다. 천적은 애꽃노린재다.

 ## 대만총채벌레(flower thrips, 학명 : *Frankliniella intonsa*)

형태적 특징

암컷 성충은 1.3~1.7mm이고 전체적으로 암갈색이다. 더듬이 제1~2마디는 암갈색, 3~5마디는 황갈색, 6~8마디는 암갈색이다(그림 4-23).

수컷 성충은 1.0~1.2mm로 암컷보다 약간 작고 가늘다. 몸은 전체적으로

그림 4-23
대만총채벌레
성충

황갈색이다.

기주범위와 피해

가장 흔한 총채벌레 중 하나이며 기주범위가 넓다. 꽃을 좋아해 성충이 꽃잎이나 꽃받침에 산란하며, 부화한 유충이 그곳에서 흡즙 가해한다.

발생 생태

25℃에서 알기간은 3일, 부화에서 우화까지는 약 7일이며, 성충은 약 50일 산다. 암컷은 총 500개 정도 산란한다. 보통 양성생식을 하지만 간혹 미수정란이 수컷으로 발육하는 단위생식도 한다. 노지에서는 4월 하순부터 발생하여 5~6월과 8~9월이 최성기이다. 10월 하순에 월동처로 이동하여 성충으로 월동한다.

방제법

장미에 등록된 약제가 없기 때문에 꽃노랑총채벌레의 방제법에 준한다.

나방류

 ### 집시나방(gypsy moth, 학명 : *Lymantria dispar*)

형태적 특징

세계적으로 분포하며 일명 '매미나방'이라 한다. 성충 암컷 20~40mm, 수컷 17~21mm이고, 날개 편 암컷 78~93mm, 수컷 41~54mm이다. 암·수의 색 및 크기가 다르다(그림 4-24B). 수컷 몸과 날개는 암갈색이며 가로맥 위에 구부러진 흑색 무늬가 있다. 암컷 몸과 날개는 갈색 띤 백색이다. 날개에 담홍색 띠가 4개 있으며 날개 가장자리에 흑색 점이 줄지어 있다. 알은 지름 1.7mm 정도의 구형에 암적색에서 자갈색이며, 표면은 암컷의 털로 덮여 황회색의 털 무더기 같다. 유충

그림 4-24
집시나방
A : 애벌레
B : 수컷 성충(위), 암컷 성충(아래)

은 부화 시 담황갈색이고, 자란 후 길이는 55mm 정도이다. 머리는 황색이며 흑색 점이 있고, 각 돌기 위에는 흑색의 긴 털이 많이 나 있다(그림 4-24A). 번데기는 적갈색이고, 배의 각 마디에 짧은 털이 있으며, 배 끝에는 센털이 있다.

기주범위와 피해

장미, 맥류, 벼과 식물, 사과나무, 밤나무, 단풍나무 등 총 87종의 식물을 가해하며, 대량 발생하여 피해를 주는 경우가 많다.

발생 생태

연 1회 발생한다. 알로 월동하고 유충은 4월경에 부화한다. 어릴 때는 집단으로 잎을 먹으나, 자라면서 분산하여 5월 상순~6월 상순에 가지나 잎 사이에 실을 엮고 그 안에서 번데기가 된다. 6~7월에 성충이 되고 수컷은 낮에 활동하나 암컷은 나무줄기에 숨어있다. 알은 나무줄기에 300~1,000개를 난괴로 산란한다.

방제법

나무줄기의 난괴와 부화 유충 집단을 발견하는 대로 채집하여 소각하면 발생량을 줄일 수 있다. 발생이 많을 때는 잎말이나방약을 살포한다. 천적 활용 가능성도 있으나 많은 연구가 필요하다. 지금까지 알려진 천적은 벼룩좀벌류, 고치벌류, 맵시벌류, 깡충좀벌류, 꼬리좀벌류, 풀색딱정벌레, 청노린재, 기생파리류 등이다.

노랑쐐기나방(oriental moth, 학명 : *Monema flavescens*)

형태적 특징

세계적으로 분포한다. 성충은 길이 16mm 정도이나 날개를 펴면 28~35mm 정도인 황색 나방이다(그림 4-25A). 배의 등면은 약간 갈색이고, 앞날개의 가장자리에 2줄의 갈색 사선이 있다.

알은 1mm 정도의 납작한 타원형에 담갈색이다. 유충의 몸은 통통하고 황록색이며, 머리는 작아 앞가슴 아래에 숨겨져 있다(그림 4-26). 앞가슴 등면에 1쌍의 흑색 점이 있고, 가운데가슴에서 배에 걸쳐 큰 갈색의 무늬가 있으며 그 사이는 청색 줄로 구획되어 있다. 배 측면에는 2줄의 청색줄이 있다. 가운데가슴 뒤쪽 각 마디에는 4쌍씩의 육질돌기가 있고, 여기에 센털이 나 있다. 번데기는 길이 13mm 정도의 타원형이고, 몸은 백색 내지 갈색이며 고치 속에 들어있다. 고치는 단단하고 마치 새알과 같으며, 나뭇가지에 붙어있다(그림 4-25B).

그림 4-25
노랑쐐기나방
A : 성충
B : 고치

그림 4-26(좌)
잎을 갉아먹고 있는
노랑쐐기나방 애벌레

그림 4-27(우)
노랑쐐기나방 피해

기주범위와 피해

장미, 사과나무, 복숭아나무, 양벚나무, 밤나무, 뽕나무, 대추나무, 버드나무 등 기주범위가 매우 넓다. 유충은 잎을 갉아먹으며(그림 4-27), 독하고 센털이 있어서 인체에 닿으면 며칠 동안 고통을 느끼므로 쐐기나방이라 한다.

발생 생태

새알처럼 생긴 고치 속에서 유충으로 월동하며 연 1회 발생한다. 이듬해 5월에 번데기가 되며 6월에 우화한다. 암컷은 잎 뒷면에 알을 1개씩 낳고 알은 7월부터 부화하여 잎을 갉아먹는다. 유령기에는 잎 뒤에서 먹고 표피를 남기지만 자란 후에는 주맥만 남기고 잎을 다 먹는 경우도 있다. 유충은 6~7회 탈피한다. 피해는 7월에 가장 심하고, 8월경부터는 가지 위에 고치를 만들고, 그 속에서 월동한다. 성충은 밤에만 활동하며, 주광성은 수컷이 강하고 암컷은 약하다.

방제법

일반적으로 유충 발생 초기에는 잎말이나방약 중에서 접촉독성이 강하고 약해가 없는 피레스로이드 약제나 저독성인 곤충발육저해제가 효과적이다.

 파밤나방(beet armyworm, 학명 : *Spodoptera exigua*)

형태적 특징

성충의 몸은 10~15mm, 앞날개는 황록색으로 중앙에 연한 황색 또는 황색 반문이 있다(그림 4-28A). 1~2령 유충은 황록색, 3령 이후부터는 체색변이가 크며 녹색 또는 갈색이 많다. 유충 측면에는 뚜렷한 가로줄무늬가 있고 각 마디의 기문 주위에는 핑크색 반달무늬가 있다(그림 4-28B). 담황색의 알은 0.3mm 정도로 공 모양이다. 잎 표면에 좁고 길게 무더기로 산란한다(그림 4-28C). 알 덩어리는 인편으로 덮여 있고 크기는 일정하지 않지만 보통 20~30개의 알로 이루어진다.

  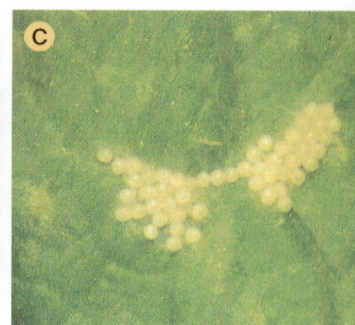

그림 4-28
파밤나방의 성충(A), 옆줄이 보이는 애벌레(B), 담황색의 알(C)

기주범위와 피해

기주범위는 매우 넓어 채소류, 화훼류, 과수류 등 40과 200여 종이 보고되었다. 최근에는 노지뿐 아니라 시설화훼단지에서도 발생이 늘어 피해가 심하다. 유충은 휴면기가 없어 온도와 먹이조건만 맞으면 증식하여 기주식물의 잎을 식해한다.

특히 장미, 국화, 당근 등에서는 신초부위를 선택적으로 식해하여 피해를 주고(그림 4-29), 애벌레는 흙 속에 숨어있거나 흙 속에서 번데기가 되는 특징이 있다. 장미 재배단지에서는 우화된 성충이 시설 내로 침입하여 문제가 된다.

발생 생태

노지에서 연 4회 발생한다. 특히 남부지방에서는 4월경 많은 수의 1화기 성충이 발생한다. 최초 산란은 5월 중순에 시작하며 발생세대별 소요일수는 1세대가 48일, 2세대 25일, 3세대 23일, 4세대 58일이며, 여름철 고온기에는 기간이 매우 짧아진다. 파에 심한 피해를 줘 파밤나방이라고 하나 화훼류만도 13종을 가해하는 것으로 확인되었다. 지금까지 중국으로부터 날아오는 해충으로 알려져 왔는데, 최근 시설원예의 발달에 따라 온실 내 월동이 가능해져 겨울철에도 피해가 나타난다.

방제법

장미에 등록된 약제는 없으나 배추나 파에 등록된 약제로 살포하면 방제가 가능한데, 유충기 3령 미만에는 약효가 있으나 3령 이후부터는 방제 약제를 충분량 살

포하여도 죽이기가 매우 어려우므로 3령 이전에 방제해야 한다. 3령 이후부터 충체가 급격히 증가하며, 자극을 받으면 바로 떨어져 토양 속에 숨어버리는 습성이 있어 방제가 어렵다. 1주일 간격으로 2~3회 살포하여야 효과를 기대할 수 있다.

그림 4-29
파밤나방의 피해를 받은 신초부위

 담배거세미나방(common cutworm, tobacco cutworm, 학명 : *Spodoptera litura*)

형태적 특징

알은 직경 0.6mm의 구형으로 옅은 황갈색에서 분홍색이며 난괴로 산란한다. 유충은 40~45mm에 흑회색에서 적갈색까지 다양하고, 몸의 양 측면에 긴 띠가 있다(그림 4-30). 앞가슴을 제외한 각 마디의 등면 양쪽에 두 개의 검은 반달점이 줄지어 있으며 복부 첫째 마디와 여덟째 마디의 것이 다른 마디의 것보다 크고, 등면을 따라 밝은 노란 띠가 길게 나있는 것이 특징이다.

번데기는 15~20mm이고 적갈색이며, 복부 끝에 두개의 작은 강모가 있다. 성충은 15~20mm에 회갈색이고 날개 편 길이는 30~38mm이다. 앞날개에는 갈색 또는 회갈색의 매우 복잡한 무늬가 있다. 수컷은 날개 끝과 밑부분이 푸른빛을 띤다. 뒷날개는 회백색에 가장자리는 회색이며 종종 시맥이 짙은 색을 띤다.

기주범위와 피해

화훼, 과수, 채소, 특용작물, 사료작물, 정원수, 잡초, 가로수 등 약 40과 100종 이상의 식물을 가해하는 광식성 해충이다.

그림 4-30
담배거세미나방
애벌레

발생 생태

5월 상순, 6월 중순, 7월 하순, 8월 하순, 9월 중하순에 각각 최대로 연 5세대 발생하는데 4세대 발생량이 가장 많다.

성충은 우화 후 2~5일 동안 잎 뒷면에 털모양의 인편으로 덮인 100~300개의 난괴로 1,000~2,000개의 알을 낳는다. 여름철 알기간은 4~5일, 유충기간은 20~30일이며, 성충수명은 7~10일이다.

방제법

장미에 등록된 약제는 없으나, 배추에 등록된 약제로 방제가 가능하다. 약제 저항성이 강한 해충이므로, 애벌레 시기에 약제를 살포하는 것이 효과적이다.

 도둑나방(cabbage armyworm, 학명 : *Mamestra brassicae*)

형태적 특징

도둑나방의 성충은 회갈색에서 흑갈색이며 날개 편 길이는 40~47mm이고 앞날개에 흑백의 복잡한 무늬가 있다. 유충은 녹색 또는 흑록색으로 체색변이가 심하다(그림 4-31). 노숙 유충은 40mm이며 머리는 담녹색에서 황갈색이다. 몸은 회흑색에 암갈색 반점이 많아 지저분해 보이며, 기주식물 및 온도에 따라 녹색을 띠는 경우도 있다. 봄, 여름에는 암갈색, 가을에는 회흑색을 띠는 개체가 많다. 번데기는 18~25mm의 적갈색이다.

기주범위와 피해

장미, 백합 등의 화훼작물은 물론 배추, 양배추, 셀러리 등 채소작물을 가해하는 광식성 해충이다. 특히 봄, 가을에 피해가 심하다.

발생 생태

그림 4-31
도둑나방 애벌레

연 2회 발생하며 번데기로 월동한다. 성충은 4~6월과 8~9월에 주로 발생하며 여름 고온기에는 번데기로 하면한다. 고랭지 저온지대에서는 한여름에도 발생이 많다. 성충은 해질녘부터 활동을 시작하여 오전 7시경 산란하고 낮에는 마른 잎 사이에 숨어 지낸다. 3령 유충까지는 무리 지어 가해하다가 4령 이후 분산, 독자적으로 생활한다. 노숙하면 땅속에서 번데기가 된다.

어린 유충은 잎 뒷면에서 엽육만 갉아먹지만 자라면서 잎 전체를 폭식하여 잎맥만 남기도 한다. 유충기간은 40~45일이다.

방제법

담배거세미나방의 방제법에 준한다.

기타 나방

텐트나방(tent caterpillar, 학명 : *Malacosoma neustria*)

세계적으로 분포하며 날개 편 수컷은 12~15mm에 황갈색, 암컷은 17~21mm에 적갈색이나 몸과 날개 색의 변화가 많다. 유충은 장미, 복숭아, 자두, 앵두, 배, 버드나무 등의 잎을 가해하는데 4령까지는 나뭇가지에서 천막모양으로 만든 망 속에 모여 살다 5령부터는 분산하여 단독생활을 한다.

텐트나방은 일명 '천막벌레' 라고도 하는데, 평야지대에서는 5~6월에 성충이 출현하고 산악지대에서는 7~8월에 출현한다. 4령 전까지는 집단생활을 하므로 손으로 제거할 수도 있다. 피해부위가 크면 잎말이나방 전용약제를 10일 간격으로 2~3회 살포한다.

찔레애기잎말이나방(rose eucosmid, 학명 : *Notocelia rosaecolana*)

한국, 일본, 중국, 시베리아 및 유럽에 분포하며 성충은 연 1회, 5~6월에 출현한다. 앞날개는 18mm에 백색이며 뒷날개는 갈색이다. 유충이 장미류에서 잎을 말고 가해하는 것으로 보고된 잠재해충이다. 일반적인 잎말이나방 약제로 방제 가능하다.

기타 해충

 넓적장미거우벌레(leaf cut weevil, 학명 : *Auletovius uniformis*)

한국, 일본, 미국 등에 분포한다. 성충의 크기는 2.2~2.7mm이며 흑남색으로, 주둥이가 가늘고 길며 중간에 더듬이가 붙어있다(그림 4-32). 4월에서 5월 중순에 발생한다. 어린잎을 갉아먹거나 새순을 시들게 한다(그림 4-33).

생장점 부위의 순이 마르는 것은 대부분 거우벌레 피해다. 성충은 약한 조직에 상처를 내고 산란한다. 상처받은 줄기와 꽃대는 시들고 유충은 시든 조직을 먹고 자란다. 노숙 유충은 땅으로 내려와 번데기가 된다.

연 1회 발생하는 것으로 보이나 자세한 생태는 불확실하다. 피해가 경미하여 방제법이 연구되지 않았다.

그림 4-32(좌) 넓적장미거우벌레 성충

그림 4-33(우) 넓적장미거우벌레 피해

장미등애잎벌(rose argid sawfly, 학명 : *Arge pagana*)

한국, 극동아, 유럽 등에 분포한다. 성충은 7mm 내외로 머리와 가슴은 흑색이며 남색 광택이 있다. 배는 크고 등황색을 띤다(그림 4-34A). 유충은 14mm 정도이고(그림 4-34B) 번데기는 유백색 고치 속에 들어있다. 알은 타원형으로 담황등색, 황록색이며, 다수의 작은 흑점을 가지고 있다.

유충이 무리 지어 신초부위와 잎을 섭식하는데, 심하면 잎맥과 줄기만 남기고 모두 먹어버린다(그림 4-35A). 시설재배단지에서는 국부적으로 발생하나 야외에는 연중 3회 발생하므로 피해를 면하기가 어렵다.

장미등애잎벌은 땅속에서 번데기로 월동한다. 5월경 1세대 성충이 나타나 줄기에 직선으로 상처를 낸 뒤 그 안에 나란히 산란한다. 산란부위에는 갈색 산란흔이 남는다(그림 4-35B).

초여름과 8월 말에서 9월 초에 발생 밀도가 많고 이때 피해도 많다. 국내에 등록된 농약은 없으나, 유충발생기인 피해 초기에 유기인계 살충제인 디디브이피훈

그림 4-34
장미등애잎벌
A : 성충
B : 애벌레

그림 4-35
장미등애잎벌의
섭식 피해와
줄기에 남은 산란흔
A : 섭식 피해 모습
B : 갈색 산란흔

연제를 작물 위에서 훈연한다(1.5kg/300평). 또는 피레스로이드계 살충제인 델타린 유제 1%를 1,000배로 희석하여 10일 간격으로 1~2회 잎의 앞과 뒷면에 충분량 살포한다.

민달팽이(japanese native slug, 학명 : *Incilaria confusa*)

성충은 약 60mm정도로 크며 보통 담갈색을 띠나 변이가 많다. 등면에 3개의 흑갈색 세로줄이 있으며 양측에 2개의 세로줄이 뚜렷하다. 광식성으로 모든 화훼류와 채소류를 거의 연중 가해한다. 몸 표면에서 끈끈한 액을 분비하며 이동하므로 피해부위에는 분비액과 함께 부정형 구멍이 많다(그림 4-36).

노지에서는 연 1회 발생한다. 습기 많은 곳에서 성체로 월동하다 이듬해 3월부터 6월까지 작은 가지나 잡초에 30~40개의 알을 난괴로 산란한다. 알은 투명한 계란형으로 여러 개가 목걸이처럼 연결되어 있는 경우가 많다.

낮에는 주로 어둡고 축축한 곳에 있다가 밤에 나와 가해한다. 발생이 많은 곳에서는 은신처가 되는 작물, 잡초 등을 제거하고 토양 표면을 건조하게 유지하는 것이 좋다. 썩은 오이를 시설 내 바닥에 깔거나, 맥주가 반쯤 담긴 컵을 땅 표면과 일치되게 묻어 달팽이를 유인하는 민간요법이 있다.

그림 4-36 다 자란 민달팽이와 피해 흔적

알톡토기(garden springtail, 학명 : *Bourletiella hortensis*)

성충은 길이 1.5mm 정도이며 가슴과 배가 융합된 구형이다. 암갈색에 크고 작은 등황색 반점이 산재해 있고, 정수리와 배 끝은 등황색이다. 약충은 성충과 큰 차이가 없으나 날개는 없다.

배추, 무, 오이, 감자, 콩 등의 유묘기에 잎을 갉아먹어 작은 원형 구멍을 뚫는다. 봄에 피해가 더 심하다. 우리나라에서는 십자화과 작물에 피해가 심하나 장미 등 정원수에도 발생하여 피해를 준다.

1년에 몇 차례 대단히 불규칙하게 발생한다. 4월부터 나타나 어린 작물만 가해하므로 작물이 자란 후에는 피해가 없다. 성충과 약충 모두 동작이 활발하다. 등록된 약제는 아직 없으나 입묘 상태에서 발생하면 약해가 있는지 확인 후 접촉독이 강한 피레스로이드 약제를 충분량 살포한다.

모무늬매미충(rhombric-marked leafhopper, 학명 : *Hishimonus araii*)

한국을 포함하여 일본, 대만 등 세계적으로 분포하며 일명 '마름무늬매미충'이라고 한다. 성충은 길이 4mm 정도이고 겹눈은 암회색이며 머리와 앞가슴 등판은 황록색이다. 앞날개에 담갈색의 무늬가 있어 좌우의 앞날개를 접으면 뚜렷한 갈색 마름모 무늬가 나타난다.

장미를 포함하여 대추나무, 귤나무, 차나무, 뽕나무, 벼 등 기주범위가 매우 넓다. 월동한 알에서 부화한 약충이 초기에는 가지의 밑부분을 흡즙하다 나중에는 위로 이동한다.

약충과 성충은 수피와 잎에서 흡즙한다. 해충 자체에 의한 1차적 피해는 무시해도 좋을 정도이나, 모무늬매미충은 뽕나무(오갈병)와 대추나무(빗자루병) 등에 치명적인 '파이토플라스마'라는 병원균을 옮기므로 이에 의한 2차 피해에 주의하여야 한다.

연중 3회 발생하며 약충은 5회 탈피하여 성충이 된다. 파프(엘산, 씨디알)유제를 1,000배 액으로 희석하여 1회 살포한다. 유용 천적으로는 애꽃노린재, 창총채벌레 등이 알려져 있다.

애초록꽃무지(smaller green flower chafer, 학명 : *Oxycetonia jucunda*)

한국, 동아시아, 미국 등에 분포하며 일명 '풀색꽃무지'라고 한다. 성충의 몸 길이는 10~15mm 정도이며 머리는 흑색 사각형이고 초시는 풀색인데, 개체변이가 심하여 변이종이 많다.

장미, 배, 복숭아 등의 꽃을 찾아가 꽃가루나 꿀을 먹으며 자방에 상처를 내므로 과실이 비대했을 때 상처가 남는다. 성충은 5월부터 10월까지 연 1회 발생하나 변이종에 따라 출현 시기도 매우 다양하다. 현재 뚜렷한 방제법이 없다.

03 장미 해충의 생물적 방제

생물적 방제란 해충의 밀도를 억제하고 피해를 감소시키기 위하여 기생자, 포식자 등의 천적을 이용하는 방법, 치명적인 병으로 해충을 죽이는 병원성 미생물을 이용하는 방법, 해충의 의사소통 수단인 페로몬을 이용하는 방법 등을 모두 포함하여 일컫는 말이다.

작물을 키우기 위해서 유기합성 농약의 사용은 필수불가결하다. 그러나 이러한 농약의 폐해가 크기 때문에 사람들은 농약 사용 절제와 더불어 유독한 농약을 대체할 수 있는 무공해·무독성·환경친화형의 생물적 방제법에 대하여 많은 관심을 보이고 있다.

국내는 물론 선진 외국에서는 이미 농작물을 비롯한 화훼작물의 수입에 있어서 이러한 농약의 잔류성에 대해 엄격한 지침을 세우고 철저히 관리하고 있다. 따라서 고부가가치 작물 수출에는 생물적 방제수단의 적용이 더욱 필요하다.

현재는 물론 미래의 농업에서는 환경친화형 생물적 방제법이 큰 비중을 점하게 될 것이다. 생물농약 중 대표적인 것이 천적 또는 병원성 미생물을 이용하는 방법

이며, 최근의 해충의 종합적 관리(Integrated Pest Management : IPM) 기술에 있어서도 이 두 가지를 빼놓고는 언급할 수 없을 정도로 중요하다. 이제 이 두 가지 방제법에 대해서 좀더 자세하게 설명하도록 하겠다.

미생물 살충제

미생물 살충제(microbial insecticide)는 곤충병원성 세균(bacterium), 바이러스(virus), 곰팡이(fungus), 선충(nematode) 등 자연계에서 곤충에 병을 일으키는 미생물을 이용하여 해충이 병들어 죽거나 작물을 가해하는 능력을 잃게 함으로써 해충의 밀도를 작물의 피해수준 이하로 조절하는 방법이다.

이러한 미생물 살충제의 특징은 기존 합성농약들과는 달리 인축을 비롯한 동·식물과 자연환경 등에 무해하다는 것이다. 따라서 잔류독성이 없고 작업자에게도 안전하다. 또한 일단 해충에 병을 일으킨 후 미생물은 재생산되어 전염이 확산되거나 야외에 잔류하다가 다음 세대 또는 다음 해에 발생한 해충을 감염하는 잔효성이 있으며, 기주특이성이 높아 목적해충만을 선택적으로 죽이므로 천적과 익충에 피해가 없고 저항성 해충의 출현가능성이 매우 낮다. 반면에 합성농약에 비해 개발이 어렵고 값이 비싸며, 약효가 나타나는데 시간이 다소 필요하므로 단시간의 방제에는 적합하지 않은 것으로 평가되기도 한다.

미생물 살충제는 환경에 주는 부담이 매우 적으므로 합성살균제의 독성이 강하여 인축에 유해하거나 저항성 해충이 출현한 경우, 적당한 천적이 없는 경우 등 기존의 방제법으로는 방제가 어려운 곳에서 더욱 유용한 방제법이다. 최근에는 특히 장미를 비롯한 시설하우스의 화훼작물에 있어서는 농약 사용의 어려움을 해결하고 작업자의 안전을 높일 수 있기에 더욱 유용한 방제법으로 평가받고 있다. 병원성이 강한 미생물인 경우 단독 사용으로도 충분히 효과적이며, 천적이나 기존 농약과의 혼용도 가능하므로 해충 종합관리의 한 수단으로 사용하는 것도 매우 의미 있다.

세균성 살충제(비티 살충제)

특성

대부분 포자를 만들며, 야외환경에서도 안정된 살충력을 보이는 세균으로 만든다. 약 100여 종의 세균이 보고되어 있으나, 실제 살충제로 개발된 것은 몇 종 되지 않는다. 이른바 '비티'라 불리는 *Bacillus thuringiensis*의 독소를 이용한 살충제가 현재 가장 널리 이용되고 있다.

비티 살충제는 생산비가 저렴하고 다른 합성농약과 혼용이 가능하며 나비목, 파리목, 딱정벌레목 등 그 기주범위가 비교적 넓다. 비티 독소를 먹은 곤충은 즉시 먹이활동을 중지하고 1~2일 안에 죽을 정도로 화학농약과 비슷한 독성을 보이는 반면 사람이나 가축에는 무해하고 안전한 살충제다. 따라서 세계 각지에서 많은 작물 및 수목에 널리 사용되는데, 전체 미생물 살충제의 80%를 차지하고 있으며 그 이용도가 날로 증가하고 있는 추세이다.

*Bacillus thuringiensis*는 토양이나 나뭇잎 등에 존재하며, 포자를 만들고 곤충독소단백질을 생산한다. 이중 피라미드 형태의 결정성 독소(그림 4-37)는 곤충의 장내 소화액에 의해 분해되면 매우 강력한 독성을 발휘한다.

그림 4-37
*Bacillus thuringiensis*의 결정성 독소

작용기작

곤충이 독소를 먹으면 독성물질이 곤충의 중장을 파괴하여 마치 사람의 위궤양과 같은 증상을 일으켜 곤충의 먹이활동이 중단된다. 비티는 곤충 체내에서 증식하여 결국 곤충을 죽이고 자신은 다시 자연으로 돌아온다. 비티에 감염된 곤충은 초기에는 모든 활동이 중지되어 꼼짝하지 않기 때문에 우리나라에서는 '졸도병'이라고 부른다. 그 후 곤충의 체액이 부패하고 충체가 시꺼멓게 변한다.

실용화 및 적용해충

여러 해충을 대상으로 비교적 많이 개발되어 있으나 현재 국내 유통은 대부분 수입에 의존하고 있다. 최근 국내에서도 여러 농약회사와 벤처기업의 노력으로 일부 품목의 상품화가 이루어졌으나 아직은 좀더 개발이 요구된다. 장미 해충 중에는 텐트나방, 파밤나방, 잎말이나방 등 대부분의 나방류 애벌레에 효과적이다. 다만 자외선 등 온실 환경이 비티의 전파와 생존을 어렵게 하기 때문에 온실 내에서는 일반 농약처럼 해충의 밀도가 높을 때 사용하여야 한다. 또한 해충이 반드시 비티 독소를 먹어야 하므로 해충의 발생 시기를 고려하여 잎이나 꽃을 가해하는 애벌레 시기에 적절히 처리하여야 한다. 애벌레가 어릴수록 더욱 효과적이다.

바이러스성 살충제

특성

바이러스성 살충제는 대부분 배큘로바이러스(baculovirus)라는 곤충 바이러스를 이용하는데, 그 중에서도 주로 핵다각체병 바이러스(nucleopolyhedrovirus : NPV)로 살충제를 개발한다. 이 바이러스는 곤충에게 매우 치명적이고 전염성도 매우 강한 반면, 사람과 동물에게는 전혀 병원성이 없다. 일반적인 바이러스와는 달리 곤충 바이러스는 다각체라는 단백질 덩어리로 둘러싸여 있어 일반 현미경으로도 존재 유무를 쉽게 관찰할 수 있고(그림 4-38), 살충제 개발도 상대적으로 쉽다. 핵다각체병 바이러스는 지금까지 약 400종 이상의 곤충에서 분리되었는데, 대부분 나비목에 효과적이며, 일부는 벌목과 파리목에 효과적이다.

바이러스가 곤충을 죽일 수 있을 정도로 증식하기 위해서는 많은 시간이 필요하기 때문에 비티 살충제와 비교하면 대중성이 떨어진다. 그러나 다른 미생물 살충제에 비해 야외환경에서의 생존력이 매우 우수하여 해충의 장기적 방제에는 매우 탁월하다. 한번 살포된 바이러스는 몇 번의 추가 살포만으로도 바이러스 자체의 증식능과 전파성에 의해 장기간 지속적으로 해충의 밀도를 일정수준 이하로 유지한다. 해충에 저항성이 생기지 않는 것도 또 다른 장점이다.

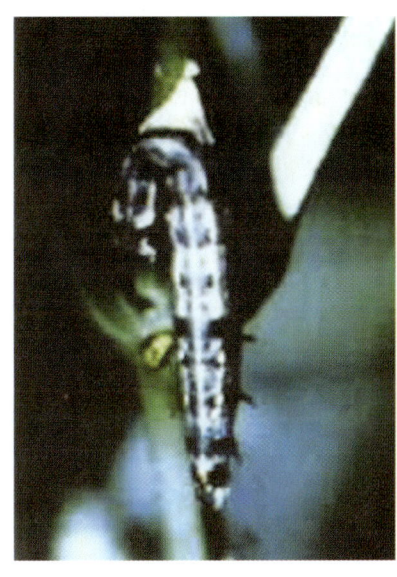

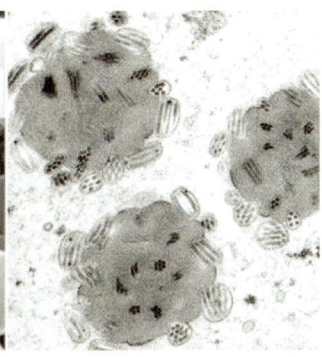

그림 4-38(위)
곤충 바이러스의 외부(좌) 및 내부 모습(우)

그림 4-39(좌)
곤충 바이러스에 감염된 파밤나방

작용기작

곤충의 섭식에 의해 바이러스 다각체가 곤충의 중장으로 들어오고 용해되면서 그 안의 바이러스가 곤충 내부로 침입하여 증식한다. 침입 후 3~5일 안에 곤충의 움직임이 서서히 둔해지며 섭식량도 줄어든다. 침입 10~12일 정도면 곤충의 몸 전체에서 바이러스가 증식하고 곤충은 죽는다.

충체가 마치 고름 같은 유백색 액체로 가득 채워져 흐물흐물 늘어지기 때문에 (그림 4-39) 예로부터 '농병'이라 불렀다. 죽은 곤충으로부터 방출된 바이러스는 자연계에서 다음 세대의 감염원으로 작용한다.

실용화 및 적용해충

현재 상품화된 대상은 담배나방, 파밤나방, 집시나방 등 주로 나비목이다. 최근 파밤나방 방제제 개발이 최초일 정도로 국내에서는 연구나 개발이 미미한 실정이지만, 장점이 많아 조만간 수요가 크게 증가할 것이다. 바이러스 살충제 역시 곤충의 섭식이 필수적이므로 해충 발생 시기를 잘 예찰하여 적기에 처리해야 한다. 장미에 발생하는 대부분의 나방류에도 효과적으로 사용할 수 있다.

곰팡이성 살충제

특성

곤충병원성 곰팡이를 이용한 살충제 역시 사람과 동·식물에는 무해하며, 세균이나 바이러스에 비해 그 기주범위가 더 넓다. 이들 곰팡이는 지금까지 750종 이상이 분리되어 다양한 살충제로 개발되어 있다. 살충효과는 곰팡이의 증식, 독소 중독, 물리적 작용 등인데, 이를 위해서는 곰팡이 포자발아가 매우 필수적이므로 적절한 온도와 습도가 유지되어야 한다. 따라서 온실에서 탁월한 방제효과를 보인다. 세균이나 바이러스와는 달리 단순 접촉만으로도 곰팡이의 침입이 가능하므로 진드기 같은 흡즙곤충이나 딱정벌레목처럼 애벌레 시절을 주로 땅속에서 보내는 해충의 방제에도 매우 유용하다. 목적해충의 방제 이후에도 포자가 계속 생존하여 방제효과가 장기적이며, 성충에도 효과적이다.

작용기작

섭식 또는 접촉에 의해 곰팡이가 곤충과 접하고 온도와 습도가 적절해지면 포자는 곧 발아하여 곤충 체내로 침입한다. 체내의 곰팡이는 균사 형태로 증식하며 독소를 분비하고 곤충 체내의 수분을 고갈시키므로 감염된 곤충은 딱딱하게 말라죽는다. 몸체는 곰팡이 포자로 뒤덮이는데(그림 4-40), 곰팡이의 종류에 따라 색깔이 다르며, 그에 따라 백강병, 녹강병, 적강병, 흑강병 등으로 불린다.

첫 감염부위는 곰팡이의 증식으로 인하여 체색이 변하며, 이후 식욕저하, 행동

그림 4-40
곤충병원성 곰팡이
A : 곤충병원성 곰팡이 확대한 모습
B : 감염된 온실가루이

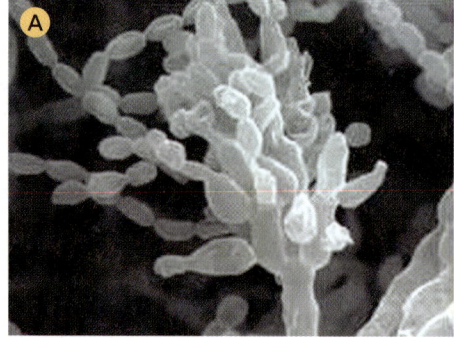
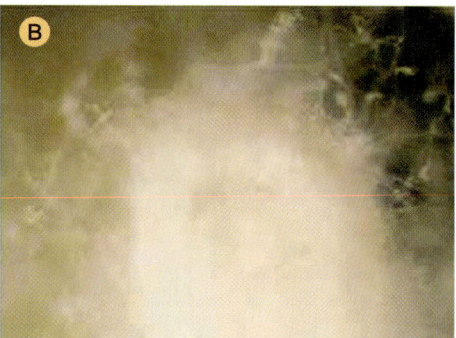

저하, 마비, 토사 등의 증상을 보이며 마침내 죽는다. 일반적으로 죽기까지 수일에서 수주가 걸린다.

실용화 및 적용해충

특히 온실 해충용으로 많이 상품화되어 있는데, 장미의 경우 진드기류 방제에 *Beauveria bassiana*, *Metarhizium anisopliae*, *Paecilomyces fumosoroseus* 등의 곰팡이가 효과적이며, 깍지벌레류에 대해서는 *Verticillium lecani*가 효과적이다. 총채벌레류에 대해서는 *B. bassiana*, *P. fumosoroseus*, *M. anisopliae*, *Entomophthara parvispora*, *E. thripidum* 등이 효과적이고, 가루이류에 대해서는 *B. bassiana*, *P. fumosoroseus*, *M. anisopliae*, *V. lecani*, *Aschersonia aleyrodis*가 효과적이다. 식물선충 방제용도 개발되어 있다. 대부분 외국 수입품이며 아직 이렇다할 국산제품은 없다. 그러나 다른 미생물 살충제로 방제가 어려운 여러 가지 토양 해충과 온실 해충의 방제가 가능하여 매우 유용한 방제제로 평가된다.

 ## 선충성 살충제

특성

일부 선충은 식물이 아니라 곤충에만 기생하고 병을 일으키므로(그림 4-41) 이들을 선충살충제의 주성분으로 개발하고 있다. 이들은 처리 효과가 매우 빠르고 여러 가지 면에서 안전하다는 장점 때문에 최근 그 이용이 급속도로 늘고 있다. 특히 기주범위가 상당히 넓기 때문에 한번 처리로 여러 종의 해충을 동시에 방제할 수 있을 뿐만 아니라 다른 미생물 살충제에 비해 화학농약과의 혼용이 상대적으로 쉽다는 장점이 있다. 그러나 실제 효과는 선충보다는 이들 선충과 공생하는 세균에 의한 것이다. 선충은 곤충의 입, 항문, 기

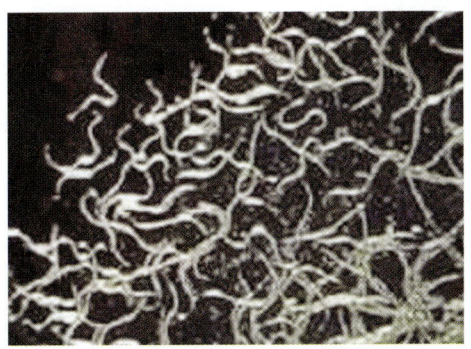

그림 4-41
곤충병원성 선충

문 등으로 침입하므로 접촉에 의해서도 쉽게 감염될 수 있다. 곤충병원성 선충은 Steinernematidae와 Heterorhabditidae 등 두 과에 국한되어 있다.

작용기작

침입한 선충은 공생세균을 곤충의 체내에 방출하며, 방출된 세균은 곤충의 면역작용을 억제하고 독소를 분비하여 1~2일 이내에 곤충이 죽는다. 특히 선충이 한 마리만 침입하여도 나비목 곤충을 죽일 수 있는 높은 살충력을 가지고 있다. 체내에 침입한 선충은 성충과 알 그리고 유충기를 지나 7~15일 후에 감염성을 갖게 되며, 죽은 곤충의 몸속에서 빠져나온다.

실용화 및 적용해충

기주범위가 넓고 살충력이 높아 이미 많은 선진국에서 보편화되는 등 그 실효성이 입증되어 있다. 세계 각국에서 대량 배양 및 산업화에 주력하고 있으며, 국내에서도 이미 몇몇 벤처기업이 상용화하였다. 온도, 태양광선, 수분, 살포기에 가해지는 압력 등 여러 조건을 잘 맞추어야 더욱 높은 효과를 얻을 수 있다.

현재 국내에 시판 중인 선충살충제의 경우 과수, 채소, 관엽식물, 화훼식물 등 다양한 식물의 나방류와 딱정벌레류에 대해 효과적인 것으로 알려져 있다. 해충이 가해하는 잎이나 줄기 또는 땅에 살포하며, 장미 해충 중 버섯파리류, 총채벌레류, 굴나방류, 딱정벌레류, 달팽이류, 선충류, 톡토기류 등에 효과적이다.

천적

생물적 방제는 작물에 피해를 주는 해충의 밀도를 피해수준 이하로 유지시키는 개념으로부터 시작된다. 특히 천적의 이용은 더욱 그러하여 해충과 천적의 밀도를 일정수준으로 이하로 평형상태로 유지시키는 방제법이다.

천적은 해충을 잡아먹는 포식성 천적과 해충의 몸에 알을 낳고 알에서 깨어난

애벌레가 해충을 죽이는 기생성 천적 등 두 가지로 나눈다. 천적 곤충의 이용법도 크게 두 가지로 나뉘는데, 첫 번째는 외부로부터 천적을 도입하여 이용하는 고전적 방법이며, 두 번째는 천적을 대량 증식하여 농약처럼 주기적 투입에 의해 해충밀도를 낮추는 좀더 적극적인 방법이다. 자연천적이 없거나 수가 부족한 온실 등 실내에는 두 번째 방법을 사용한다.

    천적을 이용할 때 반드시 염두에 두어야 할 것은 합성농약이 천적에도 피해를 줄 수 있으므로 천적의 피해를 최소화할 수 있는 약제를 사용해야 한다는 것이다. 천적 이용 역시 안전한 작물을 생산할 수 있고, 사람 등 다른 생물과 환경에 안전하다는 것이 장점이다. 하지만 한 종의 천적이 방제할 수 있는 해충종이 한정되어 있고, 여러 종의 해충을 방제하기 위해서는 여러 천적을 동시에 사용해야하는 번거로움이 있다. 특히 그 적용시기가 부적절할 경우에는 효과가 늦게 나타나거나, 아예 효과가 없을 수도 있다.

    따라서 사용자는 해충은 물론, 천적의 종류와 투입시기, 투입량 등 천적에 대해서도 매우 전문적인 지식을 가지고 있어야 하며, 투입 후에는 천적에 유리한 환경을 유지해야 하는 단점이 있다. 천적을 이용한 방제가 성공하기 위해 가장 중요한 것은 개발자나 판매자보다는 실수요자들의 전문지식이므로 우리나라의 경우 사용자의 관심과 교육이 더욱 시급하다. 선진외국에서는 이미 하나의 큰 산업으로 성장하여 널리 이용되고 있다.

    가장 효과적인 천적은 아무래도 국내에 이미 살고 있는 토착종이므로, 근래에 국내에서도 천적 발굴과 더불어 대량 생산, 작물별 이용기술 등에 대한 연구가 활발하다. 이미 몇몇 벤처기업이 일부 외래천적 및 국내 토착천적 산업화에 성공하여 제품을 공급하고 있다.

진딧물류의 천적

무당벌레(*Harmonia axyridis*)
무당벌레는 진딧물의 가장 대표적인 천적으로, 유충과 성충 모두 진딧물을 잡

그림 4-42
무당벌레의 번데기(A), 진딧물을 공격하려 하는 유충(B)과 성충(C)

아먹는다(그림 4-42B, 그림 4-42C). 성충은 봄부터 초가을까지 우리 주변 어디에서든 흔히 볼 수 있으나, 유충과 번데기(그림 4-42A), 알의 형태 및 생태 등이 잘 안 알려져 있어, 익충임에도 불구하고 제거당하는 경우가 많다. 10월 중·하순경부터 양지바른 남향 바위나 담 등에 성충이 수천 마리씩 모여들어 월동을 준비한다. 국내에는 90여 종이 있으며 모두 포식성인데 전부 익충이 아니라 28점박이무당벌레, 큰28점박이무당벌레 등은 가지, 감자 등을 가해하는 해충이다.

▶방제효과의 특성 : 먹이인 진딧물이 대발생하였을 때 속효성 방제효과를 보인다. 성충으로 방사할 경우 진딧물을 포식한 다음 날부터 노란색 알을 하루 30개 정도 낳는다. 알은 3~4일 뒤에 부화하여 애벌레 때부터 진딧물을 잡아먹는다(그림 4-43). 일반적으로 무당벌레류는 조팝나무진딧물과 비슷하게 5월 하순에서 8월에 주로 발생한다. 사과혹진딧물 포식수는 많지 않으나 말린 잎 속으로 애벌레가 들어가 잡아먹으며, 큰 애벌레나 성충은 말린 잎의 밖에서 포식하기도 한다. 일부 무당벌레의 애벌레는 백색 돌기모양의 분비물로 덮여 있어서 언뜻 보면 깍지벌레로 잘못 볼 수 있다.

그림 4-43
무당벌레 유충이
복숭아가루진딧물을
포식하는 모습

사진자료 : 박덕기, http://blog.naver.com/ipmkorea

▶포식량 : 유충과 성충기간 동안

약 700~900마리의 진딧물을 포식하는데, 진딧물 외에 온실가루이 약충, 응애류 및 나방류의 알 등도 먹는다.

▶**번식** : 알로 번식하며, 성충이 일생동안 산란하는 알은 약 600~800여 개이다.

▶**생활사** : 알 → 유충(애벌레) → 번데기 → 성충의 단계를 거치는데 봄, 가을의 경우 알부터 성충까지 약 21~25일 정도 걸리며, 성충은 약 2~3개월 정도 산다.

풀잠자리류(*Chrysopa* spp.)

진딧물이 있는 곳이면 대개 풀잠자리(그림 4-45)류도 있으며, 5월 이후부터는 야간 전등불빛에 유인되어 집 안으로 날아들기도 한다. 모두 포식성인데, 칠성풀잠자리(*Chrysopa pallens*)와 어리줄풀잠자리(*Chrysoperla carnea*)가 천적으로 이용 적합하다. 외국에서는 칠성풀잠자리를 대량 증식하여 이미 상용화하였다.

칠성풀잠자리는 유충과 성충 모두 진딧물을 포식하며 잎 뒷면에 알을 40~50개씩 무더기로 산란한다. 반면에 어리줄풀잠자리는 유충만 진딧물을 포식하고 성충은 산란 활동만 하며 알을 한 개씩 낳는다. 알은 낚싯줄 같이 가느다란 대에 하나씩 매달아놓는데(그림 4-44), 풀잠자리는 빛이 반사되는 곳이면 어디든 수면으로 착각하여 산란하기 때문에 불상에도 산란하는 경우가 많아 가끔 불가에서 우담바라로 오인하기도 한다(그림 4-46).

▶**방제효과의 특성** : 진딧물 밀도가 높을 때 빠른 방제효과를 보인다. 진딧물을

그림 4-44
풀잠자리 알. 풀잠자리 종류에 따라 알을 가느다란 대에 하나씩 매달아놓거나 알이 달린 대를 여러 개씩 묶어놓기도 한다.
사진자료 : 박덕기, http://blog.naver.com/ipmkorea

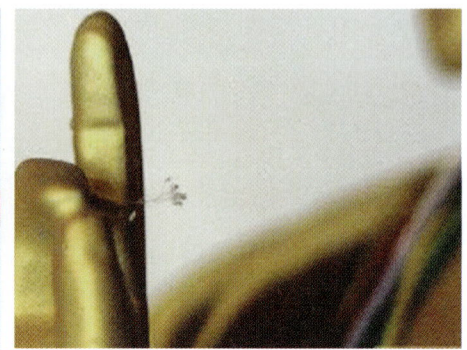

그림 4-45(좌) 풀잠자리 성충

그림 4-46(우) 불상의 손가락에 붙어있는 풀잠자리 알

사진자료 : 박덕기, http://blog.naver.com/ipmkorea

사진자료 : 연합뉴스, www.yonhapnews.co.kr

그림 4-47 복숭아가루진딧물을 잡아먹고 있는 풀잠자리 유충

사진자료 : 박덕기, http://blog.naver.com/ipmkorea

가장 잘 먹지만 깍지벌레, 응애류, 온실가루이 약충, 총채벌레 등도 포식한다(그림 4-47).

▶ **포식량** : 칠성풀잠자리 애벌레 한 마리가 진딧물을 1,600마리 정도 먹으며, 성충기에는 약 700마리 정도 먹는데, 먹이의 종류와 양, 온도 등 환경조건에 따라 포식량은 달라진다. 어리줄풀잠자리는 유충기에만 포식하며, 칠성풀잠자리에 비해 체장이 훨씬 짧고 세대도 짧기 때문에 포식량도 상대적으로 적다.

▶ **번식** : 칠성풀잠자리는 번식력이 매우 높아 3,000개의 알을 낳는다. 성충은 약 2~3개월 사는 등 진딧물 방제에 효과적이다. 이에 비해 어리줄풀잠자리의 산란수는 약 300여 개이다.

▶ **일반적 생태** : 4월에서 10월 하순경까지 발생하며, 고치(번데기)로 월동한 후 봄에 성충으로 우화한다. 칠성풀잠자리는 연 2회 발생하고, 거친 껍질 밑이나 낙엽 등에 둥글고 흰 고치를 만들어 월동한다. 성충은 수명이 길어 세대가 중복되므로, 5~7월과 6~9월 등 두 번에 걸쳐 나타난다. 여름철에 산란된 알은 약 2~3일이면 유충으로 부화하고, 약 1주일 동안 세 번의 탈피를 거쳐 고치를 틀며, 약 2주 후 성충으로 우화한다. 알기간은 2.5~3일이며, 부화 후 4시간 정도 지나면 먹이

탐색활동에 나선다.

진디기생벌류

진딧물에만 기생한다. 어린 진딧물을 공격하는데, 기생 당한 진딧물은 며칠간 정상적으로 흡즙하다 성충이 될 무렵에 죽으며, 그 안에서 번데기가 된 기생벌이 성충으로 우화되어 나온다. 국내에서 가장 흔하게 볼 수 있는 종은 싸리진디벌, 가루진디벌 등이다. 현재 세계적으로 가장 많이 이용되는 기생벌은 콜레마니진디벌(*Aphidius colemani*, 그림 4-48)로, 기주범위가 넓어 유럽과 북미 등에서 많은 상업화가 이루어져 있으며 국내에서도 상업화되어 있다.

콜레마니진디벌은 사육이 비교적 쉽고, 자연증가율이 진딧물과 비슷하여 생물적 방제인자로서의 모든 조건을 갖추고 있는 천적이다. 하지만 수명이 너무 짧고, 우화 직후에 집중적으로 산란하며, 산란기간이 너무 짧아서 자주 방사해야 하는 것이 단점이다. 일반적으로 기생벌들은 자신이 좋아하는 특정기주 한두 종에만 기생하며 살아가는 특성이 있으며, 여러 종류를 기주로 하여 살아가는 종은 극히 일부에 지나지 않는다.

▶**방제효과의 특성** : 포식성 천적과 달리 기생성 벌들은 방제효과가 나타나기까지 시간이 걸리므로 예방차원에서 사용하는 것이 가장 이상적이다. 진디기생벌들

그림 4-48(좌)
콜레마니진디벌이 진딧물에 산란하고 있는 모습
사진자료 : (주)세실, www.sesilipm.co.kr

그림 4-49(우)
콜레마니진디벌이 산란하여 미라가 된 진딧물과 부화해 나오는 진디벌
사진자료 : (주)세실, www.sesilipm.co.kr

도 방사 후 약 1주일 정도 되어서야 효과가 나타나기 시작한다.

▶**기생률** : 기생벌의 기생률은 최적 환경에서는 90% 이상 되기도 하지만, 환경이 부적당하면 50% 내외에 머무르기도 한다. 외국의 경우 예방차원에서 지속적으로 진디벌을 방사하거나 천적유지 식물을 이용하면 진딧물 피해가 거의 없다고 알려져 있다.

▶**번식** : 대개 진딧물 한 마리에 알을 한 개씩 낳는다(그림 4-48). 콜레마니진디벌은 300~380개의 알을 낳으므로 한 마리가 380여 마리의 진딧물을 죽인다고 할 수 있다. 진딧물 몸 안에서 부화한 진디벌 유충은 진딧물 체내에서 발육하고, 그 자리에서 번데기를 만든다(그림 4-49). 세대기간, 즉 알에서 성충까지는 약 25℃ 내외 조건에서 11~13일 정도이다.

진디혹파리(Aphidoletes aphidimyza)

복숭아혹진딧물과 목화진딧물 등 80여 종의 진딧물을 포식하는 우리나라의 토착천적이다. 선진국 및 국내에서 상업화되어 있다.

성충(그림 4-50A)이 산란하는 곳은 반드시 먹이가 있는 곳으로, 산란수는 진딧물 밀도에 따라 달라진다. 암컷 한 마리가 평균 100개 정도 산란하며 25℃에서 약 15일 정도면 한 세대가 완성된다.

애벌레(그림 4-50B)는 성충이 되기 직전 붙어있던 잎에서 떨어져 흙 속으로 파고들어가 번데기가 되며, 지표 약 2~3cm 깊이에 가장 많이 존재한다. 포식하는 진딧물의 종류가 매우 다양하므로, 진딧물의 밀도가 높은 곳이라면 종에 관계없

그림 4-50
진디혹파리
A : 다 자란 성충
B : 진딧물을 포식하는 애벌레

사진자료 : (주)세실, http://www.sesilipm.co.kr

그림 4-51
배추에서 무테두리진딧물을 포식하고 있는 꽃등에의 애벌레(A)와 꼬마꽃등에의 성충(B)
사진자료 : 박덕기, http://blog.naver.com/ipmkorea

이 봄부터 가을까지 진디혹파리를 쉽게 볼 수 있다.

꽃등에(Eristalomyia tenax)

세계적으로 1,600종 이상이 알려져 있지만 진딧물류의 천적은 몇 종에 불과하다. 호리꽃등에(Episyrphus balteatus)는 상업화에 성공하여 시설 내 진딧물 방제에 이용되고 있다.

애벌레는 껍질이 반투명한 구더기 모양이다. 유충기간 중 수백 마리의 진딧물을 섭식하며(그림 4-51A), 성충으로 월동한 뒤 봄철에는 방화곤충으로 활동하면서 꽃가루 등 단백질을 섭취하고 산란한다(그림 4-51B).

응애류의 천적

칠레이리응애(Phytoseiulus persimilis)

세계적으로 가장 많이 사용되는 포식성 천적으로, 우리나라에도 도입되어 있는 외래천적이다. 칠레이리응애(그림 4-52)는 점박이응애, 차응애, 점박이응애붙이 등 모든 잎응애의 방제에 사용할 수 있는데, 응애류뿐만 아니라 진딧물과 총채벌레의 약충도 먹는다.

▶**방제효과의 특성** : 포식성으로 점박이응애의 알부터 성충까지 모두 잡아먹으

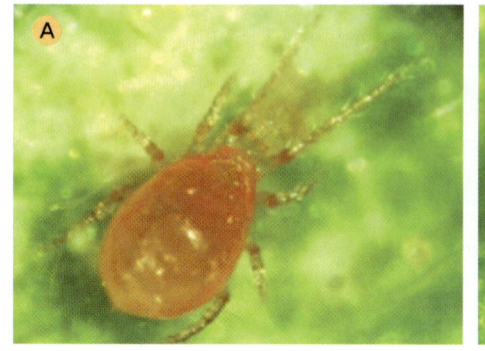 

그림 4-52
칠레이리응애 성충(A)과 점박이응애를 포식하는 모습(B)
사진자료 : (주)세실, http://www.sesilipm.co.kr

므로 농약보다 더 높은 방제효과를 나타내는 경우가 많다. 속효성이며 지속적인 방제효과를 보인다. 하지만 칠레이리응애의 생활사가 점박이응애보다 2~7일 정도 짧기 때문에 잎응애류 방제에 보다 더 효과적이다. 칠레이리응애는 중·저온을 좋아하므로 방제 최적온도는 20~25℃이지만, 먹이인 점박이응애의 증식 속도 때문에 20℃에서 효과가 가장 좋다. 최적습도는 75% 이상이며, 40% 이하에서는 부화율이 극히 낮다. 25℃에서는 약 5일이면 성충으로 발육하고, 성숙 후 1일 이내에 바로 산란을 시작하여 암컷 한 마리가 하루 4개 정도, 총 60개 정도의 알을 낳는다. 우리나라에서는 10월부터 이듬해 6월 이전까지가 칠레이리응애를 이용하기에 가장 알맞은 환경이다.

▶ 포식량 : 알에서 바로 부화한 유충은 응애를 먹지 못하며 제1약충기부터 포식하기 시작한다. 성충 한 마리가 점박이응애 성충을 하루 5마리씩, 30일간 150마리 정도 먹어치우며, 알이나 유충은 같은 기간 동안 약 600개를 먹어치운다. 성충은 모든 단계의 잎응애를 먹을 수 있으며, 알은 약 30개, 유충·약충·성충은 약 27마리를 매일 포식한다.

캘리포니쿠스응애, 긴털이리응애, 끝마름응애

미국 원산의 캘리포니쿠스응애는 고온에도 잘 적응하는 포식응애로서, 여름철 우리나라 온실의 응애방제에 가장 유력한 천적이다. 반면에 긴털이리응애

(Amblyseius womersleyi)는 국내 토착천적으로, 주로 노지의 사과응애를 포식한다. 이들 두 종은 생활사 등에서 다소 차이가 있으나 칠레이리응애와 비슷한 점들이 많다.

끝마름응애(Agistemus terminalis)는 몸이 마름모꼴이어서 붙은 이름이다. 주로 사과응애와 귤응애의 알을 먹는데 포식량은 적다. 나무 조피 등에서 성충으로 월동하며, 생육 초기에는 잡초에서 활동한다. 살충제를 적게 뿌리면 매년 8월에서 9월에 많이 발생한다.

꼬마무당벌레(Stethorus punctillum)

이름에서도 알 수 있듯이 크기 1.5mm 정도의 아주 작은 무당벌레다. 국내 토착종이지만 아직 잘 알려져 있지 않은 천적으로서, 응애류를 전문으로 잡아먹고 살며, 활동 가능한 온도 범위가 넓어(16~35℃) 국내 시설하우스에 유용하게 쓰일 전망이다.

다른 무당벌레와 같이 알, 유충, 번데기, 성충의 단계를 거친다. 21~26℃의 온도에서는 14~20일 정도면 알에서 성충이 된다. 하루 3~13개 정도, 일생(약 2년) 동안 총 1,000개 이상 산란한다.

유충, 성충 모두 응애류를 잡아먹기 때문에 시설 내 응애 밀도가 높을 때 방사하면 방제효과가 빠르다. 암컷 성충은 응애를 하루 20~40여 마리, 알은 50여 개씩 포식한다. 먹이가 없으면 나방류의 알을 먹기도 한다.

깨알반날개(Oligota yasumtsui)

응애류의 주요 천적으로, 알부터 성충까지 모든 사과응애와 점박이응애를 섭식하는 것이 관찰되었다. 애벌레는 담황색이며, 성충은 흑색으로 광택이 있고 몸길이는 약 1mm이다.

성충은 6월 중순에서 7월 중순, 8월에서 9월 연 2회 발생하며, 먹는 양이 대단하다. 그러나 발육기간이 길고, 유충은 콩잎과 같이 강한 털이 많은 식물에서는 잘 생존하지 못하며, 현재 사용되는 살충제에 감수성인 취약점이 있다.

총채벌레류의 천적

오이이리응애(Amblyseius cucumeris)

유럽과 북미에서 가장 많이 이용되는 천적이다. 총채벌레 유충은 대부분 복부로 상대를 타격하여 포식성 응애의 공격으로부터 몸을 보호하므로 주로 총채벌레의 1~2령기 어린 유충을 잡아먹으며, 성충이나 노숙 유충은 잡아먹기 힘들다. 어린 유충만 하루 2~3마리 정도씩 잡아먹기 때문에 다른 포식성 천적보다는 효과가 늦어 약 1주일 정도 걸린다.

총채벌레의 발생 밀도가 높을 때는 성충도 잡아먹는 애꽃노린재와 함께 사용하는 것이 좋다. 하루에 약 2개씩 20일간 40~50개 정도의 알을 낳는 것으로 추정된다. 잎 뒷면의 털 있는 주맥 또는 측맥 위에 알을 낳으며, 알부터 성충까지는 약 6~9일(25℃) 걸린다. 알, 유충, 전약충, 후약충, 성충 단계를 거친다.

으뜸애꽃노린재(Orius strigicollis)

진딧물류, 응애류, 나방류의 알과 애벌레 등을 먹지만, 특히 총채벌레 탐색능력과 포식력이 뛰어나기 때문에 일찍이 선진국에서는 대량 생산에 성공하여 총채벌레 방제에 사용하고 있으며 국내에서도 상업화되어 있다.

생산비용이 다른 천적에 비하여 많이 들어 가격이 다소 비싼 것이 단점이다. 반면에 총채벌레뿐만 아니라 어린 진딧물, 응애 등도 포식하는데, 하루 포식량이 많아 속효적 방제효과를 거둘 수 있다는 것이 장점이다.

그림 4-53
총채벌레를 흡즙하고 있는 으뜸애꽃노린재

사진자료 : (주)세실, www.sesilipm.co.kr

성충은 7~8월에 나타나며 검은 바탕인 몸길이는 2mm 정도며 날개와 다리는 옅은 갈색이다. 부화하면서부터 죽을 때까지 포식활동이 지속되어 평생 꽃노랑총채벌레를 약 200마리 이상, 아카시아총채벌레는 약 400여 마리, 목화진딧물은 약

280여 마리, 사과응애는 410여 마리를 포식한다.

성충은 먹이에 구침을 찔러 즙액을 흡수하는데(그림 4-53), 배고프면 짧은 시간에 여러 마리를 포식하므로 유력한 천적 후보다. 성충의 수명은 온도와 먹이 종류에 따라 다소 차이가 있으며, 20~25℃에서 15~25일 정도다.

이 천적은 몸이 작고 납작하여 꽃잎같이 구조가 복잡한 곳도 자유로이 돌아다니며, 특히 총채벌레 전문 사냥꾼이라 불릴 만큼 잘 잡아먹는다. 유럽의 시설재배에서는 총채벌레 방제에 꽃노린재 천적을 이용하는 비율이 90% 이상이다.

 가루이류의 천적

온실가루이좀벌(Encarsia formosa)

온실가루이 약충에 기생하며, 세계적으로 가장 많이 이용되고 있다. 외국의 시설재배에서는 온실가루이 발생 초기부터 이들을 지속적으로 방사하여 작기가 끝날 때까지 큰 문제없이 작물을 재배하며, 사용면적은 20여 나라에 걸쳐 4,000ha가 넘는다. 영국 등 유럽 14개국에서 토마토 및 오이 재배 시 온실가루이에 대한 방제성공률은 70~100%라고 한다.

▶**방제효과의 특성** : 성충(그림 4-54A)이 산란관으로 온실가루이 어린 약충의 체액을 흡수하여 죽이거나, 3~4령 약충에 산란하여 좀벌이 온실가루이 몸 안에서 자라고 우화하여 온실가루이를 죽인다. 기생 당한 온실가루이 약충은 까만색

그림 4-54
온실가루이좀벌의 성충(A)과 온실가루이에 기생 당하여 미라가 된 온실가루이(B)
사진자료 : (주)세실, http://www.sesilipm.co.kr

으로 변하여 쉽게 구별된다(그림 4-54B). 방사 후 방제효과가 늦게(약 3주 정도) 나타나기 때문에 예방차원에서 이용하여야 한다. 따라서 온실가루이가 날아다니는 것이 보일 때 바로 방사하는 것이 가장 이상적이다.

▶생활사 : 암컷은 하루 10~15개, 평생(약 20일) 300여 개를 산란한다. 즉, 온실가루이좀벌 한 마리가 온실가루이 300여 마리를 죽이는 셈이다. 가루이의 3~4령 초기 약충을 주로 공격한다. 기생기간(좀벌 발육기간)은 23℃에서 21일 정도이며, 우화 성충의 크기는 0.6mm 정도로 눈에 잘 보이지 않는다.

카탈리네무당벌레(Delphastus catalinae)

크기가 매우 작고 검은색이다. 포식력이 대단하여 외국에서는 온실가루이가 대발생하였을 때 많이 이용한다. 주로 알을 포식하는데, 온실가루이 밀도가 높은 환경을 좋아하므로 발생 밀도가 낮을 때는 온실가루이좀벌을 이용하고, 높을 때는 카탈리네무당벌레로 방제하는 것이 좋다.

온실가루이좀벌과 같이 사용할 경우 좀벌에 기생된 약충은 먹지 않는다. 활동 가능 온도범위가 넓고(16~35℃), 단일 조건에서도 휴면하지 않아 천적이 구비할 여건을 고루 갖추고 있다. 우리나라 4계절 농업환경에 최적의 조건을 가진 천적으로 볼 수 있다.

▶방제효과의 특성 : 유충과 성충 모두 포식하기 때문에 방제효과가 빠르다. 하지만 대량 사육이 어려워 가격이 비싼 것이 단점이다. 암컷 성충이 하루에 가루이 알은 150~640여 개, 약충은 11마리 정도 잡아먹는다. 한 마리가 평생(약 65일) 동안 먹어치우는 양은 가루이 알 10,000여 개와 약충 700여 마리에 이르는 대식가이다.

▶생활사 : 알, 유충, 번데기, 성충의 단계를 거친다. 알에서 성충까지는 21~25일(20~25℃), 유충기간은 7~10일 정도이다. 암컷은 하루 2~6개, 총 300여 개의 알을 낳는다.

🌹 나비류의 천적

알벌류(*Trichogramma* spp.)

나비목 해충의 알에 기생하는 알기생벌은 크기가 1mm 정도로 아주 작다. 기주 선호폭이 넓어 다양한 나방 알을 공격하며 활동 온도범위도 넓어 세계적으로 가장 널리 이용되고 있으며, 노지 해충도 성공적으로 방제한다. 국내 토착종 알벌도 여러 종이다.

▶**방제효과의 특성** : 대부분 나방류 해충의 알에만 기생하기 때문에 농가에서는 성충나방 발생과 동시에 예방적으로 사용하여야 한다. 시설에서는 나방류의 알 기간이 보통 3~4일 이내이므로 알이 부화한 이후에는 소용이 없다. 알벌 방사 후 기생여부 확인은 약 1주일 정도이며, 기생된 알은 흑색으로 변한다. 나방의 알이 보이면 근처의 모든 알을 공격하기 때문에 적합한 환경에서는 90% 이상의 기생률을 보인다.

▶**생활사** : 온실가루이 알에서 유충과 번데기 기간을 보내며 27~30℃ 정도의 환경에서 약 10~12일이면 성충으로 우화하여 나온다. 일반적으로 알을 무더기(난괴)로 낳는다. 일벌 한 마리의 산란수는 200여 개로 많다. 해충 알 한 개에 2마리 이상을 산란하는 등 기주해충의 알 크기에 따라 산란양을 조절하는 능력을 갖고 있다.

곤충병원성 선충

앞에서 이미 설명한 대로, 곤충의 유충에 기생하여 병(패혈증)을 일으키는 선충이다. 나비목, 딱정벌레류, 파리류 등 넓은 기주범위 때문에 외국에서는 해충 방제에 폭넓게 이용하고 있다. 국내 토착종이 여러 종 있으며 병원성도 뛰어나 농업 및 잔디, 산림의 해충 등에 다양하게 이용될 전망이다. 다른 천적과는 달리 일반 농약같이 분무기로 살포할 수 있다.

▶**방제효과의 특성** : 해충 체내에 침입하면 보통 24시간 이내에 병을 일으켜 죽게 하며, 기주의 성분으로 자체 증식을 시작한다. 병원성 선충을 살포하고 하루

안에 죽는 것을 확인할 수 있으므로 고독성 살충제와 같은 속효적 방제효과를 볼 수 있다.

▶**번식** : 기주체로 침입한 선충은 바로 자기증식에 들어가며, 나방류 유충 한 마리에 약 20만 마리의 선충이 증식한다. 충분히 증식하면 표피를 뚫고 밖으로 탈출한다.

🌹 파리류의 천적

작은뿌리파리의 천적 - 마일리스응애(Hypoaspis miles)

습한 토양에 서식하는 0.5mm 크기의 작은 포식성 응애로서, 외래천적이다. 주로 지표면 약 1cm 이내에 기어다니며, 크기가 작은 해충들을 먹고 산다. 외국에서는 시설하우스에 발생하는 작은뿌리파리(fungus gnat) 방제에 널리 이용되고 있다.

우리나라의 시설재배는 대부분 토경재배이며, 작기가 끝난 후 지력 향상을 위해 퇴비 등 많은 양의 유기질 비료를 투입하므로 응애 발생이 많다. 또한 육묘장 같은 곳에서 발생이 심하여 피해를 보고 있는 우리 실정에 유용하게 쓰일 수 있는 포식성 응애이다.

▶**방제효과의 특성** : 어린 유충이나 알을 잡아먹기 때문에 발생 초기에 방사하는 것이 가장 좋다. 보통 하루에 5마리 정도 잡아먹는데, 작은뿌리파리 외에 톡토기, 총채벌레 번데기 등 다른 해충류들도 잡아먹으므로 해충 밀도 억제에 많은 기여를 한다.

▶**번식 및 생활사** : 알은 토양 속에 산란하며, 알에서 성충까지 약 7~11일 정도 걸린다. 먹이가 없을 경우 조류 또는 식물체 부스러기 등을 먹고 산다.

잎굴파리의 천적 - 잎굴파리좀벌(Diglyphus isaea)

잎굴파리좀벌은 기주해충 옆에 알을 한 개씩 낳아 외부에서 체액을 섭취하며 살아가는 외부기생벌로서, 잎굴파리 바로 옆에 알을 낳고, 기주가 부화하자마자 접근하여 유충을 마비시킨다.

성충은 온도 영향을 많이 받는데, 저온에서 오래 살며 산란수도 많다. 암컷 한 마리당 산란수는 290개 정도이다. 대량 사육이 어려워 생산 비용이 많이 들기 때문에 다른 천적보다 비싼 편이다.

좀벌 한 마리가 약 360마리의 굴파리 유충을 죽이는데, 290여 마리는 산란에 의한 기생이고 70여 마리는 기주체액 섭취이다. 잎굴파리는 잎 속에 있기 때문에 화학농약으로 방제가 매우 어려운 해충이므로 외국에서는 잎굴파리좀벌을 많이 이용하고 있다.

부록

1. 우리나라 병해충 생물적 방제의 현황
2. 우리나라의 생물적 방제자재 생산회사
3. 장미 정보가 있는 인터넷 사이트

부록 1 우리나라 병해충 생물적 방제의 현황

생물적 방제란 무엇인가

식물의 병과 해충을 방제하는 방법 중 가장 일반적인 화학적 방제는 사용 약제가 가지고 있는 독성 등이 문제가 되며 그 사용 규제가 점점 심해지고 있다. 이러한 상황에서 소비자와 환경에 대한 부담이 거의 없으며, 효과면에서도 화학적 방제를 대신할 수 있을 것으로 기대 받고 있는 것이 바로 생물적 방제이다.

생물적 방제는 자연계에 존재하는 생물을 이용하여 병이나 해충을 방제하고자 하는 것으로, 이미 오래 전부터 자연계에 존재하던 생물을 이용하므로 지극히 환경 친화적인 방제방법이다. 아울러 최근에 각광을 받고 있는 병 또는 해충 종합관리(IPM) 기술도 생물적 방제를 빼놓고는 실현될 수 없는 이론에 불과하다.

생물적 방제를 넓은 의미로 정의한다면 저항성 품종의 이용이나 윤작과 같은 재배적 방제 등 생물과 관계되는 모든 것이 다 포함될 수 있으나, 좀더 엄격한 의미로 정의한다면 생물적 방제란 미생물이나 천적 또는 그들의 생산물을 이용하여 병이나 해충의 밀도를 관리하고 피해를 줄이는 것을 말한다.

생물적 방제에 사용하는 생물농약의 범위는 현재 미국의 경우 생화학농약과 미생물농약 및 그 외의 생물적 방제제로 구분하고 있다. 국내에서는 천적을 따로 취급하고 있다.

생물적 방제의 기본 개념

화학적 방제가 주를 이루던 예전의 식물병해충 방제의 기본 개념은 병해충 '박멸'이었다. 그러나 이러한 기본 개념은 생태학적으로 많은 문제를 야기하였기 때문에 현대 식물병해충 방제에서는 기본 개념을 '박멸'이 아닌 '관리'로 전환하였다. 관리란 식물병원체나 해충 개체군의 밀도를 특정 수준 이하로 조절하는 것을 의미하며, 생물적 방제와 매우 유사한 성격이라고 하겠다.

생물적 방제의 기본 이론은 작물에 길항미생물이나 천적 등을 투입하여 작물에 피해를 주는 병원체나 해충 개체군의 밀도를 조절하게 함으로써 생물 군집 전체의 밀도가 평형을 이루도록 하는 것이다.

농업이라는 인공생태계에서는 평형이 깨어지는 경우가 대부분인데, 이런 경우 생물적 방제인자를 인위적으로 투입하여 그 생태계를 안정시킬 수 있다. 이때 외부로부터 자연 천적 또는 길항미생물이 유입되도록 하는 소극적인 방법과, 인위적으로 배양한 길항미생물이나 사육한 천적을 대량 확보하여 투입하는 적극적인 방법이 있다. 인위적으로 투입하는 방법은 제한된 공간, 즉 노지보다는 환경조절이 쉬운 시설재배에서 더 큰 효과를 기대할 수 있다.

생물적 방제제

생물적 방제제는 성분에 따라 미생물, 미생물이 생산하는 길항물질, 천적 등으로 구분할 수 있다. 미생물은 대개 식물병원균이나 해충에 기생하는 것들을 이르며, 천적은 해충과 적대적 관계에 있는 곤충 및 절지동물들을 포함한다. 또한 내용물의 가공, 처리에 따라 일반 농약 같이 액제, 액상수화제, 수화제, 분말제 등으로 구분하는데, 가장 일반적인 것은 액제와 분말제이다. 천적의 경우 대개 번데기 단계에서 제품을 생산하여 이들이 우화한 뒤 해충을 섭식, 포식하도록 하는 방법을 많이 사용한다.

생물적 방제의 해외 연구동향

미국 등 선진국에서는 이미 1900년대 초반부터 생물적 방제에 많은 관심을 기울여 왔는데, 1960년대 들어오면서부터 농약의 형태로 실용화되기 시작하였다. 미생물을 이용하여 병을 방제하고자 처음으로 시도한 것은 1927년 미국에서의 일로, 감자 더뎅이병 방제에 방선균을 이용하였다.

그 뒤 1962년 일본에서 담배 허리마름병에 *Trichoderma* 생균제를 개발한 것을 시초로 하여 많은 제품이 미국에서 개발되었는데, 실용화 제품은 대부분 육묘 중에 잘 나타나는 모잘록병 방제용이라는 사실이 눈에 띈다. 미생물 자체를 이용한 생물농약의 경우 현재 실용화 된 것이 16종, 실용화로 추진 중인 것이 30종 이상 알려져 있다.

현재까지 개발된 미생물 살충제 중 가장 큰 성공을 거둔 제품은 각종 식물의 뿌리혹병을 방제하기 위하여 사용하는 Galltrol, Dygall, Nogall 등이다. 이 제품들은 모두 길항미생물인 *Agrobacterium radiacter* strain 84 또는 K1026 균주를 이용하고 있는데, 지금까지도 모든 유기합성농약이 세균병에 대해서는 효과가 낮음에도 불구하고 이 미생물 살충제들은 확실한 효과를 나타내고 있다.

미생물이 생산하는 활성물질을 사용하는 연구는 실용화율이 더 높은데, 대표적인 것이 바로 항생물질이다. 항생물질은 현재 약 8,000종 이상이 알려져 있으며, 농업용으로 실용화된 것은 약 20여 종이고, 그 중 병해방제용은 6종이다. 세계 최초의 농업용 항생물질은 Blasticidin S로서 1958년부터 도열병 방제용으로 사용되었으며, 그 뒤로 Kasugamycin, Polyoxin, Validamycin 등도 널리 사용되고 있다. 흙 속에 많이 살고 있는 방선균(Actinomycetes) 중 *Streptomyces*속 미생물들이 항생제 생산균주로 가장 널리 알려져 있다.

곤충병원성 미생물 중 가장 성공적으로 이용되고 있는 것은 '비티' 세균을 이용한 살충제이다. 전세계 미생물 살충제의 80%를 차지할 정도로 광범위하게 이용될 뿐만 아니라 비티의 살충성분을 식물에 도입하여 살충제가 필요 없는 옥수수, 콩, 목화 등의 작물도 이미 개발되어 실제로 이용되고 있다. 바이러스를 이용한 살충

제의 경우에는 초본식물보다는 목본식물을 대상으로 여러 가지 살충제가 개발되어 이용되고 있으나 생산비가 고가인 단점으로 인해 산림 해충이나 기존의 방제법으로 해충 방제가 곤란한 특수한 경우 외에는 활발한 이용이 어려워 실용화를 위한 연구가 활발히 이루어지고 있다.

곤충병원성 곰팡이를 이용한 해충의 생물적 방제에는 많은 선진국들이 일찍부터 범국가적으로 지원해 오고 있다. 특히 미국 농무성농업연구소(USDA-ARS)에서는 1970년대 초부터 지속적인 균주 수집과 응용 연구를 활발히 수행하여 현재 850종의 기주로부터 약 5,000균주의 곤충병원성 곰팡이를 확보하고 있다.

또한 유럽에서도 영국, 스위스, 네덜란드의 생물적 방제 기관과 캐나다가 연합하여 LUBILOSA라는 기구를 조직하여 메뚜기류 방제를 위한 곰팡이 살충제 'GreenMuscle'을 개발하였으며, 영국의 IACR Rothamsted 곤충 및 선충과에서는 곤충병원성 곰팡이를 이용한 진딧물 방제에 성공한 바 있다. 그 밖에 네덜란드와 호주에서도 곤충병원성 곰팡이 이용에 관한 연구를 수행 중이다.

중국의 경우 중국농업과학원 산하 생물방치연구소의 곤충병원균과가 중심이 되어 미생물 살충제 개발 연구를 수행하여 백강균 *Beauveria brongniartii*의 실용화에 성공하였으며, 현재 연간 2만 톤의 백강균 포자 생산시설을 통해 풍뎅이 유충인 굼벵이 방제에 실용화하였다.

천적 사용은 미국과 캐나다를 포함한 북미와 네덜란드, 영국 등 유럽에서 많이 이루어지고 있다. 미국 캘리포니아 주의 경우 감귤재배에서 깍지벌레가 큰 문제였는데, 호주에서 무당벌레를 도입하여 성공한 이후 천적 개발의 중심지가 되어 현재 많은 천적 회사가 밀집되어 있다. 유럽은 시설재배에서 문제가 되는 진딧물, 온실가루이, 총채벌레, 온실가루이, 응애 등의 방제에 천적을 이용하고 있다.

1926년 온실가루이좀벌로 온실가루이의 생물적 방제에 최초로 성공한 나라인 영국이 천적 연구개발의 원조격이지만, 현재는 1967년 칠레이리응애로 천적을 산업화시킨 네덜란드를 천적 생산의 종주국으로 자타가 공인하고 있다. 이 밖에도 유럽의 대부분 나라가 자체적으로 많은 천적 생산회사를 가지고 있어, 천적 사용이 보편화되어 있다.

생물적 방제의 국내 연구동향

1980년대 이후 우리나라에서도 생물적 방제에 대한 연구가 많은 관심을 끌고 있으며, 최근 10여 년 동안 장족의 발전을 했다고 할 수 있다. 이 기간 동안 많은 연구가 이루어졌는데, 병에서는 주로 식물병원균에 기생하는 미생물을 이용하여 병을 방제하려는 노력이 있었으며, 해충 분야에서는 주로 세균독소 또는 천적을 사용하여 해충의 밀도를 조절하려는 노력이 있었다. 이 밖에도 미생물이 생산하는 물질을 이용하고자 하는 연구와 곤충에 기생하는 미생물을 이용하려는 연구도 병행되었다.

최근에는 생물농약에 대한 법령들이 제정되면서 우리나라에서도 미생물을 이용한 몇 종의 생물농약이 정식으로 등록되어(2004년 말 현재 살균제 5종, 살충제 9종) 시판 중이다.

현재 우리나라에서는 병 방제제의 경우 외국에 비해 30~50년 정도 늦게 시작되어 아직도 전문가가 부족한 형편이나, 이제는 상당 수준에 도달했다고 할 수 있다. 미생물 자체를 병해방제에 응용하는 연구는 1980년대 중반부터 국가연구기관 및 대학의 병리학자가 주축이 되어 시작하였다. 주로 담배 모자이크병(TMV), 고추 역병, 오이, 딸기 등의 흰가루병과 시들음병, 벼 도열병과 잎집마름병 등의 방제가 연구되었으며, 이 중 일부는 (주)그린바이오텍, (주)케이아이비씨 등에 의하여 미생물 살충제로 정식 등록되어 사용되고 있다(그림 1).

한편 항생물질을 포함하여 미생물이 생산하는 활성물질에 대한 연구 역시 외국보다 20~30년 늦게 시작되었으며, 지금도 많은 신물질을 탐색 중이다. 그 결과 방선균인 *Streptomyces* sp.에 의한 Maculocin 등을 분리한 바 있으나, 아직 실제 활용단계에 이르지는 못하였다.

해충에 대한 생물적 방제연구 역시 외국에 비하여 뒤늦게 시작되었다. 우선 곤충병원성 미생물을 이용하는 방법은 세균인 비티가 생산하는 독소를 이용한 해충방제가 오래 전부터 시행되어 왔으며, 일부 제품이 실용화되어 이용되고 있다. 그 외에도 우리나라의 토착 곰팡이 균주를 지속적으로 탐색한 결과 지금까지 상당한

성과를 얻었으며, 균주의 효과 향상을 위한 균주 개량과 대량 생산 및 제형화 기술 개발을 통하여 조만간 국내에서도 곰팡이 살충제가 실용화가 될 것으로 전망하고 있다.

천적을 이용하는 기술 또한 늦게 출발한 것에 비하면 상당히 발전하였는데, 주로 시설 해충인 점박이응애, 온실가루이, 진딧물, 총채벌레 등을 대상으로 칠레이리응애, 온실가루이좀벌, 진디벌, 진디혹파리, 애꽃노린재를 선발하여 이들 천적의 대량 증식 시스템과 작물별 이용 기술을 개발하였고, 이에 따라 (주)세실 등에서 이미 제품을 생산하여 시판하고 있다(그림 2). 특히 (주)세실은 천적 상용화분야에 있어 세계적 수준에 올라 있는 것으로 평가된다.

그림 1
우리나라 미생물 살충제 등록 1호인 (주)그린바이오텍의 흰가루병 방제제(A)와 등록 2호인 (주)케이아이비씨의 잿빛곰팡이병 방제제(B)

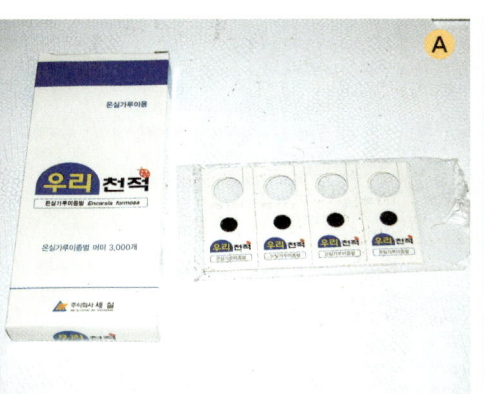

그림 2
해충방제용으로 시판하고 있는 (주)세실의 천적제품(A)과 처리 모습(B)

부록 우리나라 병해충 생물적 방제의 현황

생물적 방제의 문제점

현재는 우리나라의 생물적 방제연구 수준도 세계적이라고 할 수 있으나 아직도 몇 가지 문제점을 가지고 있다. 대표적인 문제점으로는 우선 연구개발에 종사하는 인원의 절대수가 부족하며, 연구의 중심체계가 잘 서있지 않다는 사실을 들 수 있다. 이는 아마도 연구역사가 짧으며 국가의 지원이 시작된 지 얼마 되지 않은데 그 원인이 있을 것이다. 따라서 이 부분은 가까운 시일 안에 해결될 것으로 보인다.

또 다른 문제점은 제조사의 입장에서 보면 수익보장이 어렵고, 그에 따라 개발에 전념할 수 있는 여력이 부족하다는 것이다. 수익보장이 어려운 것은 사용자들이 합성농약과 같이 속효성이고 광범위하게 작용하며 확실한 효과를 보장하는 농약을 선호한다는 것이 가장 큰 원인이다.

생물농약은 대개가 살아 있는 생물이 주성분이기 때문에 시간이 흐를수록 주성분이 늙고 그에 따라 효과가 떨어지게 마련이다. 다시 말하여 약효의 보증기간이 짧다. 또한 생물을 이용하는 것이기 때문에 합성농약처럼 병원체나 해충을 박멸할 수는 없으며 그에 따라 합성농약보다 효과가 낮은 편이다.

실제로 합성농약이 보이는 병 방제효과의 60%만 넘으면 미생물 살충제로 등록이 가능하다. 주성분이 생물이기 때문에 가지는 또 하나의 특성은 환경조건에 따라서 효과가 매우 달라질 수 있다는 것이다. 적당한 환경에서는 합성농약 이상의 효과를 기대할 수도 있지만, 똑같은 미생물 살충제가 특정 환경하에서는 병 방제효과가 전혀 없을 수도 있다는 것이다.

물론 생물농약을 개발하는 사람들은 이러한 제한요인들을 최소화하려고 노력하고 있다. 그러나 생물농약이 일반적으로 합성농약 같은 효과를 가질 수 있다고 보기는 어렵다. 따라서 생물농약과 천적을 사용하는 사람들이 이러한 제한요인을 감안하고 받아들이지 않는 한 생물적 방제는 불가능한 일이다.

이러한 여러 가지 제한요인에도 불구하고 생물적 방제가 강조되는 것은 우리가 얻을 수 있는 이익 또한 매우 크기 때문이다. 우선 생물농약은 차세대 농약, 소위 제3세대 농약이라 불리는 미래의 농약이 반드시 갖추어야 할 특성인 저독성, 특이

성, 고활성, 비잔류성 등을 모두 갖추고 있다.

생물농약이나 천적은 사람과 동물에 대한 독성이 거의 없으며, 환경에 주는 부담도 매우 적어서 생산자와 소비자가 모두 안심하고 농산물을 먹고 보며 즐길 수 있다. 특이성도 매우 높아 우리가 방제하고자 하는 병이나 해충 이외의 다른 생물들에게는 영향이 거의 없다. 또한 합성농약을 사용하였을 때처럼 저항성 병원체나 해충이 발생할 가능성이 매우 낮아 지속적으로 사용할 수 있다는 것도 큰 장점 중의 하나이다.

사회 발전에 따라 안전하고 청정한 농산물에 대한 소비자들의 요구 또한 점점 커지고 있다. 생물적 방제는 이러한 소비자들의 욕구를 충족시킬 수 있는 가장 쉬운 방법이라는 사실을 명심하여야 할 것이다.

부록 2   우리나라의 생물적 방제자재 생산회사

　　현재 우리나라에서도 상당히 많은 회사들이 미생물이나 천적을 이용한 생물적 방제자재를 생산, 판매하고 있으며, 외국에서 수입한 제품을 판매하는 회사까지 포함한다면 그 수는 훨씬 더 늘어난다. 하지만 앞에서도 설명하였듯이 미생물제는 살아 있는 생물을 주원료로 하여 만든 것이기 때문에 제조 또는 유통과정에서 변질되거나 다른 미생물에 오염될 가능성도 있다.

　　그러므로 원하는 효과를 얻기 위해서는 믿을 만한 회사의 제품을 사용하는 것이 바람직하며, 외제라고 하여 무조건 선호하는 것은 위험부담이 크다. 생물농약 관계법령이 제정되기 이전인 불과 몇 년 전까지만 하여도 모든 생물농약들이 대개 4종복비의 형태로 시중에 유통되었는데, 4종복비는 등록이 비교적 쉬운 품목이기 때문에 생물제제를 생산하는 회사들이 마치 춘추전국시대를 방불케 할 만큼 할거하였다.

　　특히 천적은 그래도 성분이 눈에 보이기 때문에 사정이 나았으나, 미생물제는 주성분이 미생물제라는 특성상 주성분을 눈으로 볼 수 없다는 점을 이용하여 일부 업자들이 부실한 제품 또는 오염된 제품들을 생산하고 유통하였다는 의심을 떨칠 수 없다.

　　따라서 미생물제를 사용하고자 할 때는 이름이 알려지고 평판이 좋은 믿을 만한 회사의 제품을 구입하는 것이 좋으며, 이미 그 제품을 사용해 본 경험이 있는 주

위 동료의 말을 참고하는 것이 좋다. 다만, 이미 앞에서도 잠깐 이야기하였듯이 정직한 회사가 제대로 만들고 유통시킨 제품이라고 하여도 환경조건에 따라서 효과가 안 좋을 수도 있다는 것은 충분히 고려하여야 한다.

생물적 방제와 친환경농업에 대한 정보를 제공하기 위하여 여기에 최근 '미생물농약협의회'를 구성한 우리나라 5대 미생물농약생산업체와 이미 세계적으로 알려지고 있는 우리나라의 천적생산업체인 (주)세실 등의 인터넷 홈페이지 주소를 정리하였다(가나다순). 물론 이들 회사 외에도 양질의 제품을 생산하는 회사가 많이 있으므로 인터넷에서 '미생물농약', '생물농약', '천적' 등을 검색하면 좋은 정보를 얻을 수 있을 것이다.

다음의 회사들은 규모가 비교적 크고 상대적으로 역사가 오래되었으며, 미생물농약 또는 천적제품을 등록하였거나 등록을 추진하고 있는 회사들로서, 여기에 소개한 것은 단지 정보제공을 위한 것일 뿐, 이 회사의 제품을 보증한다는 뜻은 아니라는 것을 명심하기 바란다.

미생물농약	고려바이오연구소	www.koreabiotech.co.kr
	(주)그린바이오텍	www.greenfarmer.com
	(주)비아이지	www.big21c.com
	(주)케이아이비씨	www.kibc.co.kr
	(주)흙살림	www.heuksalim.com
천적제품	(주)세실	www.sesilipm.co.kr

부록 3 장미 정보가 있는 인터넷 사이트

　장미의 역사와 재배, 품종 등에 대해 유익한 정보를 얻을 수 있는 인터넷 사이트를 몇 군데 소개한다. 많은 사이트들이 아름답고 좋은 사진자료들까지 제공하고 있으므로 눈요기로도 좋을 듯싶다. 틈틈이 방문하여 장미에 관한 여러 가지 좋은 정보를 많이 얻기 바란다.

　다만 인터넷에는 누구나 소정의 심사나 여과 없이 자료를 올릴 수 있으며 그에 대해 아무런 책임도 묻지 않기 때문에 일부 사이트의 일부 내용은 정설로 공인받지 않은 내용이거나 잘못 설명된 내용 또는 특정한 상황에서만 해당되는 내용이라는 것을 감안하고 읽어야 한다.

　여기에 소개하는 인터넷 사이트도 개인이 만든 블로그나 홈페이지가 많으므로 그 내용에 대해서 보증할 수는 없다. 만약 내용이 믿음이 가지 않을 때는 주변의 대학이나 기술원 등 연구기관에 문의해 보기 바란다.

국내	농촌진흥청 원예연구소　www.nhri.go.kr/ddd/crop/flower/tree/f_tree 하양장미농원　www.hayangrose.co.kr 꽃과 생활　http://hopia.net/hong/hong/h_tas_k4.htm 한나와 한솔이의 자유공간　http://hannarose.com.ne.kr 장미와 생활의 지혜　http://blog.paran.com/tigerty 장미세상　http://blog.naver.com/irose2004 장미　http://blog.naver.com/rain0115 장미　http://blog.naver.com/bcj115
국외	장미정보연결　www.citygardening.net/roseinfo 미국 장미협회　www.ars.org 뉴질랜드 장미협회　www.nzroses.org.nz 전미장미품평회　www.rose.org 장미 육종가협회　www.rosehybridizers.org 미국 뉴잉글랜드 장미협회　www.rosepetals.org 미국 코네티컷 장미협회　www.ctrose.org 타코마 장미협회　www.tacomarosesociety.org 오토가 묘목원　www.ottoandsons-nursery.com 장미 유기농업　www.greenmantlenursery.com 장미의 모든 것　www.helpmefind.com/rose/index.php 오랜 장미원의 역사와 사진　www.rosarosam.com 미국 조지아주립대학교농업기술원 　　http://pubs.caes.uga.edu/caespubs/pubcd/B671.htm 우드랜드장미원　http://w3.goodnews.net/~kkrugh 마크의 개인홈　http://mhuss.com/roses/index.html

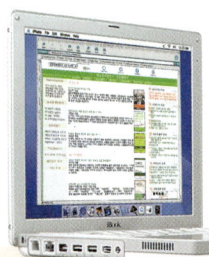

Joongang Life Publishing Co./Joongang Economy Publishing Co.

중앙생활사는 건강한 생활, 행복한 삶을 일군다는 신념 아래 설립된 건강 · 실용서 전문 출판사로서 치열한 생존경쟁에 심신이 지친 현대인에게 건강과 생활의 지혜를 주는 책을 발간하고 있습니다.

장미 병해충과 생리장해 이렇게 막는다!

초판 1쇄 인쇄 | 2006년 10월 9일
초판 1쇄 발행 | 2006년 10월 13일

지은이 | 차병진(Byeongjin Cha) 외
펴낸이 | 최점옥(Jeomog Choi)
펴낸곳 | 중앙생활사(Joongang Life Publishing Co.)

대　표 | 김용주
편　집 | 한옥수 · 최진호
디자인 | 박근영 · 유문형
마케팅 | 임교택 · 전지훈
인터넷 | 김회승

잘못된 책은 바꾸어 드립니다.
가격은 표지 뒷면에 있습니다.

ISBN 89-89634-00-8(14520)
ISBN 89-89634-54-7(세트)

등록 | 1999년 1월 16일 제2-2730호 주소 | ⓤ100-430 서울시 중구 흥인동 3-4 우일타운 707 · 708호
전화 | (02)2253-4463(代) 팩스 | (02)2253-7988
홈페이지 | www.japub.co.kr 이메일 | japub@unitel.co.kr · japub21@empal.com
♣ 중앙생활사는 중앙경제평론사와 자매회사입니다.

Copyright ⓒ 2006 by 차병진 외
이 책은 중앙생활사가 저작권자와의 계약에 따라 발행한 것이므로 본사의 서면 허락 없이는
어떠한 형태나 수단으로도 이 책의 내용을 이용하지 못합니다.

▶홈페이지에서 구입하시면 많은 혜택이 있습니다.

중앙북샵　www.**japub**.co.kr
전화주문 : 02) 2253 - 4463

※ 이 도서의 국립중앙도서관 출판시도서목록(CIP)은 e-CIP 홈페이지(www.nl.go.kr/cip.php)에서
　이용하실 수 있습니다.(CIP제어번호: CIP2006002017)

중앙생활사 건강의학정보 시리즈

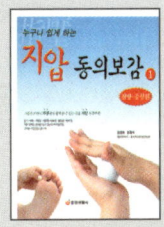

❶ 지압 동의보감 1 〈질병·증상편〉

감기·두통·요통·고혈압·뇌졸중·
신장병·간장병·당뇨병·발기부전 등
각종 질병과 증상을 지압으로 고친다.

김창환·김용석 편저 │ 크라운판 변형 │ 360쪽 │ 13,500원

⓫ 질병 따라 먹는 음식보약

체질박사가 감기는 물론 고혈압,
동맥경화, 양기부족 등 흔한 질병 위주로
체질에 맞게 내린 건강음식 처방!

김달래 지음 │ 신국판 │ 320쪽 │ 10,000원

❷ 지압 동의보감 2 〈신체부위편〉

가장 많이 이용되는 200가지 경혈에
대한 유래와 위치 찾는 법, 질병의
치료 방법 및 효과 등을 신체부위별로 소개.

김창환·김용석 편저 │ 크라운판 변형 │ 216쪽 │ 12,000원

⓭ 듀크 박사의 아주 특별한 허브 건강법

고혈압, 치매, 에이즈, 뇌혈관 질환, 간염, 간경변,
퇴행성 관절염, 심부전증, 협심증 등의 질병에서
당신을 구출할 허브 이야기!

제임스 A. 듀크 지음 │ 신국판 │ 316쪽 │ 10,000원

❸ 누구나 쉽게 하는 응급처치 동의보감

콩·파·부추·쑥·고추·더덕·무·양파 등
우리 주변에서 구하기 쉬운 음식으로
누구나 간단하게 할 수 있는 응급처치 지침서.

한승섭 지음 │ 신국판 │ 408쪽 │ 12,900원

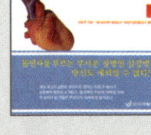

⓮ 이종구 박사의
  심장병 알면 이길 수 있다

돌연사를 부르는 무서운 질병인 심장병.
국내 최고의 심장병 권위자로 꼽히는
이종구 박사의 심장병 예방과 치료법!

이종구 지음 │ 신국판 │ 264쪽 │ 9,000원

❻ 한권으로 보는 코알레르기 동의보감

20여 년 동안 코알레르기 환자만
전문적으로 치료해 온 치료경험을
토대로 각종 코질환과 알레르기
질환을 재발 없이 다스리는 비결 공개.

김남선 지음 │ 신국판 │ 280쪽 │ 9,000원

⓯ 우리 차 세계의 차
  바로 알고 마시기

차의 유래와 종류에서 차의 효능,
차를 다양하게 즐기는 방법, 현대인을 위한
건강차까지 차에 대한 모든 상식 소개.

최성희 지음 │ 신국판 │ 308쪽 │ 12,000원

❿ 밥상을 다시 차리자

SBS 다큐멘터리 〈잘 먹고 잘 사는 법〉에
소개된 잘못된 식습관과 식생활
개선법 및 자연식 건강법!

김수현 지음 │ 신국판 │ 376쪽 │ 10,000원

⓴ 안경을 벗어라!

세계적인 시력 훈련 전문가 카플란 박사의
즐기면서 하는 눈 건강 프로그램 안내서.
단계별 시력 강화 운동법 소개.

로버트 마이클 카플란 지음 │ 신국판 │ 208쪽 │ 9,000원

㉑ 경이로운 색채치료

색채치료란 무엇인가를 알기 쉽게 설명.
색채-생체의 반응을 평가하는
방법과 색채 절편을 붙여 각종 통증과
질병을 치료하는 임상 실례를 제시.

카시마 하루키 지음 | 신국판 | 336쪽 | 18,000원

㉞ 만병을 낫게 하는 냉기제거·반신욕 건강법

KBS TV 〈생로병사의 비밀〉에 출연, 국내에 반신욕 열풍을 일으킨 신도 박사의 냉기제거 건강법의 진수를 읽는다.

신도 요시하루 지음 | 신국판 | 268쪽 | 9,800원

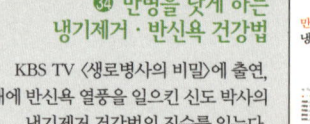

㉕ 암을 이기는 영양요법

패트릭 퀼린 박사가 수백 명의 암환자와 함께했던 경험을 바탕으로 소개하는 영양요법. 암환자의 수명 연장, 치유 가능성 제시.

패트릭 퀼린 지음 | 신국판 | 372쪽 | 12,000원

㊱ 만병을 낫게 하는 두한족열 건강법
따뜻하면 살고 차가워지면 죽는다 ❷ – 실천편

아토피·알레르기·비만·탈모 치료법, 지혜로운 임신과 출산, 총명한 아이로 키우는 법 등을 담은 두한족열 건강법.

김종수 지음 | 신국판 | 320쪽 | 12,000원

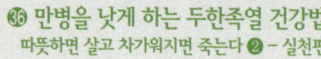

㉖ 암은 스스로 고칠 수 있다

암은 불치병이라는 잘못된 상식을 가지고 있는 사람들과 암으로 절망하는 사람들을 위하여 암 발생의 메커니즘과 치유 방법 소개.

아보 도오루 지음 | 신국판 | 200쪽 | 9,000원

㊲ 내 체질에 약이 되는 음식 222가지

각종 방송에 출연, 유익한 건강정보를 재미있게 전하고 있는 '체질박사' 김달래 교수가 체질별 약이 되는 음식을 가나다순으로 총망라하였다.

김달래 지음 | 크라운판 변형 | 392쪽 | 13,900원

㉘ 마늘의 힘

이 책은 마늘의 성분과 효과, 질병·증상별 효능, 효과적인 이용법, 미용 등 외용에서의 활용법은 물론 다양한 체험담이 들어 있다.

정금주 감수 | 신국판 | 224쪽 | 10,000원

㊳ 지긋지긋한 건선·아토피 뽀얀 피부로 만들 수 있다

고통과 콤플렉스를 벗어나게 하여 자신감을 되찾게 해주는 난치성 피부질환 전문의의 건강하고 아름다운 피부 만들기.

한승섭 지음 | 신국판 | 208쪽 | 9,800원

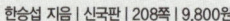

㉙ 따뜻하면 살고 차가워지면 죽는다 ❶

100세 이상 장수 노인들을 직접 찾아다니고, 강원도 정선의 전기도 없는 산속에서 맑은 정신으로 터득한 건강의 지혜를 '기림산방' 김종수 원장이 알려준다.

김종수 지음 | 신국판 | 440쪽 | 12,800원

㊵ 숨겨진 병 저혈당과 인슐린과다증

정신병, 신경성 병으로 오진을 가장 많이 받는 숨겨진 병이며, 당뇨병으로 이어지는 무서운 병인 저혈당과 인슐린과다증 치료법 소개.

한나 지음 | 신국판 | 404쪽 | 12,900원

㉛ 치매 나도 고칠 수 있다

치매의 모든 것을 알기 쉽게 설명하여 나이 들어가는 사람에게는 확실한 예방법을, 환자 가족이나 간병인들에게는 효과적으로 대처할 수 있는 알찬 방법을 알려준다.

양기화 지음 | 신국판 | 380쪽 | 12,000원

㊶ 몸에 좋은 야채수프 건강법

근채류와 표고버섯 등을 배합하여 끓여 만든 야채수프로 질병을 예방하고 치유하는 건강법을 소개한다.

다테이시 가즈 지음 | 신국판 | 224쪽 | 9,800원

**㊷ 내 몸을 살리는
히에토리 냉기제거 완전 건강인생**

냉기제거 요법으로 아토피성 피부염, 자궁암,
당뇨병, 불임증, 고혈압 등 수많은 질병을
예방, 치유할 수 있음을 보여준다.

신도 요시하루 지음 | 신국판 | 320쪽 | 12,000원

**신세대 여성에게 잘 맞는
산후풍 없는 아주 쉬운 산후조리**

초보엄마, 친정엄마, 산후조리 도우미가 꼭
알아두어야 할 산후조리법 및 육아상식 총망라.

최두영 지음 | 신국판 | 272쪽 | 12,000원

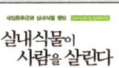
**누구나 쉽게 하는
맹 따주기 1초 응급처치** (사혈침 증정)

그림을 보면서 누구나 쉽고 간단하게
손발만 따주어도 응급처치가 되고,
각종 질병이 낫는 가정 상비서.

이수맹 지음 | 신국판 변형 | 144쪽 | 12,000원

암 두렵지 않다

한국과 일본의 권위 있는 두 전문가가 수술하지 않고
암을 자연치유시키는 방법 소개.

기준성 · 모리시타 게이이치 지음 | 신국판(양장) | 360쪽 | 13,500원

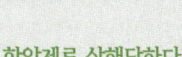
실내식물이 사람을 살린다

실내식물로 새집증후군 퇴치, 실내공기정화,
각종 질병에 적용한 원예치료 등의 연구결과와
웰빙시대에 맞는 기능성 실내식물 15가지 소개.

손기철 지음 | 4 · 6배판(올컬러) | 216쪽 | 13,500원

항암제로 살해당하다

암환자의 80%는 항암제, 방사선 요법, 수술
등으로 살해되고 있다는 충격적인 고발서.

후나세 슌스케 지음 | 신국판(양장) | 380쪽 | 15,000원

새집증후군을 치유하는 실내공기정화식물 50가지

아토피, 알레르기, 천식, 두통, 암, 영아돌연사증후군
등을 유발하는 새집증후군, 건물병증후군에
효과적인 실내공기정화식물 50가지 소개.

월버튼 지음 | 김광진 옮김 | 4 · 6배판(올컬러) | 164쪽 | 12,000원

**누구나 쉽게 하는 응급처치
지압 동의보감**

질병 · 증상 · 신체부위에 따른 지압법을 그림으로
알기 쉽게 소개한 응급처치 지침서.

김창환 · 김용석 편저 | 크라운판 변형 | 600쪽 | 19,800원

**그림으로 보는 우리 몸 이야기
알기 쉬운 인체의 신비**

이 책은 왜 재채기가 나고 코를 고는 것일까?
술을 마시면 왜 취하는 것일까? 등
우리가 궁금해 하는 인체의 모든 것을
그림과 함께 알기 쉽게 설명한다.

안도 유키오 감수 | 안창식 편역 | 크라운판 변형 | 228쪽 | 12,900원

🌱 건강한 생활, 행복한 삶을 선도하는 중앙생활사 〈건강의학정보 시리즈〉는 앞으로도 계속 발간될 예정입니다.

01. 누구나 쉽게 하는 지압 동의보감 ① 〈질병·증상편〉
02. 누구나 쉽게 하는 지압 동의보감 ② 〈신체부위편〉
03. 누구나 쉽게 하는 응급처치 동의보감
04. 한권으로 보는 중풍 동의보감
05. 체질 따라 약이 되는 음식
06. 한권으로 보는 코알레르기 동의보감
07. 6요체 건강법
08. 내 몸에 내 맘대로 되는 체질 다이어트
09. 우리집 음식 동의보감
10. 밥상을 다시 차리자
11. 질병 대신 먹는 음식보약
12. 눈의 피로·어깨결림·요통 엄청 간단한 해소법
13. 듀크 박사의 아주 특별한 허브 건강법
14. 이종구 박사의 심장병 알면 이길 수 있다
15. 우리 차 세계의 차 바로 알고 마시기
16. 병원은 가기 싫고 치질은 고치고 싶다
17. 김달래 박사가 들려주는 재미있는 체질이야기
18. 총명하고 튼튼한 자녀 만들기
19. 주역으로 보는 이제마의 사상체질
20. 안경을 벗어라!
21. 경이로운 색채치료
22. 성인병을 예방하는 뽕잎 건강법
23. 입고 먹고 바르고 마시는 실크 건강법
24. 3가지 장수비결 운동 · 기공 · 식생활
25. 암을 이기는 영양요법
26. 암은 스스로 고칠 수 있다
27. 박영순 박사의 질병별 맞춤 식이요법 이럴 땐 뭘 먹지?
28. 마늘의 힘
29. 따뜻하면 살고 차가워지면 죽는다 ❶
30. 내 키는 왜 크지 않을까?
31. 치매 나도 고칠 수 있다
32. 동충하초의 힘
33. 전통차 허브차 한잔에 담긴 건강 마시기
34. 만병을 낫게 하는 냉기제거 · 반신욕 건강법
35. 현명한 식습관이 생명을 살린다
36. 만병을 낫게 하는 두한족열 건강법
37. 내 체질에 약이 되는 음식 222가지
38. 지긋지긋한 건선 · 아토피 뽀얀 피부로 만들 수 있다
39. 벌이 가져다준 신비의 프로폴리스로 암을 고친다
40. 숨겨진 병 저혈당과 인슐린과다증
41. 몸에 좋은 야채수프 건강법
42. 내 몸을 살리는 히에토리 냉기제거 완전 건강인생

중앙생활사 첨단자연과학 시리즈

❶ 포도 병해충과 생리장해 이렇게 막는다!
풍부한 사진과 쉽게 풀어 쓴 글을 통해 포도의 병해와 해충 및 생리장해를 이해하고 문제를 해결하는 지식을 얻을 수 있다.
차병진 외 지음 | 4·6배판(올컬러) | 142쪽 | 12,000원

❷ 실전 꽃포장 쉽게 배우기
국내외에서 활용되고 있는 다양한 기법, 다양한 형태의 꽃 포장을 원색사진 및 그림과 함께 알기 쉽게 소개한다.
허북구 외 지음 | 4·6배판(올컬러) | 168쪽 | 15,000원

❸ 절화·절엽·드라이 플라워의 수확 후 관리 및 활용
생산자, 유통 및 도소매업자, 플라워 디자이너 등 절화·절엽·드라이 플라워 관련 분야 종사자들이 알아둬야 할 모든 것 수록.
손기철 지음 | 4·6배판(올컬러) | 272쪽 | 15,000원

❹ 당신도 플라워 디자이너로 성공할 수 있다
전문화 시대인 21C에 유망 전문직업으로 각광받고있는 플라워 디자이너가 되는 길, 분야 및 전망, 플라워 디자이너로 성공하기 위해 필요한 모든 것 수록.
허북구·박윤점·윤재길 지음
4·6배판(올컬러) | 256쪽 | 15,000원

❺ 알기 쉬운 장식원예총론
갈수록 수요가 급증하고 있는 장식원예의 모든 것을 원예와 화훼 분야의 전문가들이 알기 쉽게 꾸민 완벽 가이드.
손기철 외 지음 | 4·6배판 | 268쪽 | 12,000원

❻ 아름다운 생활공간을 위한 화훼장식
화훼장식기능사 자격증 시험 대비서!
국내 현황은 물론 외국의 일반적인 화훼장식 내용을 화훼장식 전문가가 원색사진과 함께 꾸민 완벽 가이드.
손관화 지음 | 4·6배판(올컬러) | 240쪽 | 20,000원

❼ 장미 병해충과 생리장해 이렇게 막는다!
갈수록 수요가 급증하고 있는 장미의 모든 것을 원예분야 최고의 전문가들이 컬러사진과 함께 알기 쉽게 꾸민 완벽 가이드.
차병진 외 지음 | 4·6배판(올컬러) | 188쪽 | 14,500원

재미있는 우리 꽃 이름의 유래를 찾아서
다양한 우리 야생화를 이름의 유래를 통해 감상할 수 있는 원색도감.
우리 꽃 이름의 유래와 어원분석, 개화시기 등 우리 꽃 이름에 대한 모든 상식을 담았다.
허북구·박석근 지음 | 신국판 변형(올컬러) | 232쪽 | 15,000원

나도 산삼을 캘 수 있다 ❷ (최신판)
KBS, MBC, SBS 등에 출연, 산삼캐기 열풍을 일으킨 산삼 전문가들의 완벽 가이드! 산삼을 쉽게 찾는 법, 산삼이 있을 산의 지형과 방향 등을 컬러사진과 함께 소개.
대한자연산삼연구소 지음
신국판 변형(올컬러) | 136쪽 | 12,900원

재미있는 우리 나무 이름의 유래를 찾아서
유래로 즐기고 사진으로 감상하는 우리 나무 이름 백과사전.
우리 나무 이름의 유래와 생육특성, 색깔, 용도, 도입지 등을 재미있게 담았다.
허북구 외 지음 | 신국판 변형(올컬러) | 344쪽 | 18,000원